Sind Katzen eifersüchtig?

Mit herzlichem Dank an zwei große Katzenfreundinnen
Silvia Sperling und Andrea Clages

Gerhild Tieger

SIND KATZEN EIFERSÜCHTIG?

99 weitere Fragen und 100 kluge Antworten zu Katzenverhalten, Sprache, Gesundheit, Zusammenleben und die Liebe

edition tieger

INHALT

Man muss die Katzenhalter beobachten, wenn sie etwas von ihren Lieblingen berichten oder erzählen. Sie freuen sich, einen Zuhörer gefunden zu haben. Ihre Mienen hellen sich auf. Ihre Stimmen werden weich. Selten etwas Unangenehmes, meist nur Erfreuliches gibt es mitzuteilen. Zwei Katzenhalter kenne ich, die in ihrer Brieftasche die Fotos ihrer Katzen herumtragen und vorzeigen wie Eltern die Fotos ihrer Kinder.

Hans Bender

TRÄUMT MEINE KATZE VON MIR?

Katzen träumen von allen schönen und aufregenden Dingen – also auch von Ihnen, ihrem Lebenspartner. Neurophysiologische Studien sind zu dem Ergebnis gekommen, dass Katzen, ebenso wie Menschen, verschiedene Schlafphasen haben. Dazu gehört auch eine Tiefschlafphase, in der sie die wildesten Träume erleben und sogar, wie wir es tun, mit den Augen rollen. Sie bewegen im Schlaf die Pfoten, als würden sie laufen, und klappern mit den Zähnen, als säßen sie am Fenster, um die Vögel zu beobachten. Ihr Schnurrbart zuckt und der Schwanz schlägt aufgeregt wie beim Ansitz auf die Maus. Katzen träumen ganz sicher und zuweilen sehr aufregend! Der italienische Schriftsteller Luigi Malerba stellt sich den Traum eines Katers ganz realistisch vor:

»Im Schlaf träumte er, dass er Mäuse jagte, und dann träumte er, dass er sie fraß, und dann leckte er sich die Schnurrhaare, so als hätte er sie wirklich gefressen.«

KANN MAN KATZEN ERZIEHEN?

Anders als bei Hunden, die geradezu Führung und Anweisung erwarten und Aufgaben brauchen, fühlen sich Katzen unabhängig von menschlichen Erwartungen. Kein Grund zu verzweifeln: Ganz unwillig, etwas zum häuslichen Miteinander beizutragen, ist die Katze nicht. Aber auch für sie gilt, man muss früh damit anfangen und konsequent sein. Dabei erreicht man mit Strafe, einem Klaps oder lautem Schimpfen eher das Gegenteil – die Katze zieht sich ängstlich zurück und verliert das Vertrauen.

Haben Sie auch gelesen, dass man Katzenpfoten, die am Ledersofa kratzen, an den Sisalpfosten oder am Kratzbaum entlangziehen soll? Vergessen Sie es. Katzen hassen es, derart offensichtlich manipuliert zu werden. Sie mögen es gern ein wenig subtiler, mit interessanten Düften oder abschreckenden Gerüchen zum Beispiel. Leider haben die oft aber auch auf den Menschen eine abstoßende Wirkung. Am besten verzichten Sie auf neue Ledersofas.

Wenn Sie Ihrem Schätzchen Manieren beibringen wollen, weil Temperament und Wildheit mit ihm durchgehen, dann wählen Sie zur Ermahnung immer die gleichen Worte. Zusätzlich dürfen Sie auch in die Hände klatschen oder ein solches Geräusch mit einer Zeitung erzeugen – nur schlagen dürfen Sie Ihre Katze nicht. Sprechen Sie dabei aber nicht verärgert, gar empört ihren Namen aus. Sonst verbindet sie ihren Namen bei der nächsten Einladung zum Kuscheln mit der letzten Strafpredigt und Sie sitzen allein auf dem Sofa. Der herrliche Name soll ausschließlich ist für die schönen Dinge des Katzenlebens wie kosen, loben, begrüßen reserviert sein.

LIEBEN KATZEN FRAUEN MEHR?

Der Verhaltensforscher Dennis Turner meint, die Vorliebe beruhe auf dem entgegenkommenden Verhalten von Frauen: »Frauen reden mehr mit Katzen, und so reden Katzen auch mehr mit Frauen. Frauen und Mädchen gehen beim Kontakt mit Katzen zum Beispiel viel öfter in die Knie, also mit dem Gesicht auf die Höhe des Tieres, während Männer und Knaben eher steifbeinig die Hand nach ihnen ausstrecken.« Die Meinung, dass Katzen als Kindersatz dienen, ist nicht neu. Das Kindchenschema soll angeblich auch eine Rolle spielen: Der runde Kopf, die großen Augen einer Katze, da können doch Frauen nicht anders, als in Entzückensrufe auszubrechen!

Katzen, die in einem Frauenhaushalt leben, zeigen sich manchmal reserviert gegenüber Männern. Ein Meinungsforschungsinstitut hat herausgefunden, dass Katzen die Tröster ihrer Frauchen sind: Ein Drittel aller Frauen schmusen, wenn sie seelischen Kummer haben, lieber mit ihrer Katze als mit ihrem Mann oder Partner.

SIND KATZEN TREU?

Was ist Treue? Ist es nicht unfair, Katzen an einem menschlichen Ideal zu messen, das wir selbst immer seltener erfüllen? Katzen sind zuerst sich selber treu. Ihre Treue müssen wir uns verdienen. Aus Katzensicht sind wir die große Oberkatze, die Mutterkatze, die es übernommen hat, ein Katzenleben lang für Futter, Spiel und Liebe zu sorgen. Von uns jedenfalls erwartet die Katze Treue. Ob sie selbst uns treu bleibt, dafür sollen wir möglichst auch verantwortlich sein: Erfüllen wir unsere Pflichten nicht, vernachlässigen wir sie, lassen wir uns Grobheiten, Strafe, Unregelmäßigkeiten zuschulden kommen, dann hat sie Grund, uns kurzentschlossen zu verlassen. Sie ist so frei und sucht sich einen neuen Haushalt – nein, nicht etwa einen neuen Besitzer. Denn eine Katze besitzt man nicht, eine Katze versteht sich als Partner. Freiwillig bleibt sie und kommt immer wieder zurück zu uns, wenn sie glücklich und zufrieden ist, wenn die Chemie stimmt.

Werden wir von ihr verlassen, trauern wir ihr nach, sehen sie als Verkehrsopfer, schrecklicher noch, als Versuchstier in einem Labor oder als Verführten, den eine rollige Katze irgendwo weggelockt hat. Hätten wir ihn doch kastrieren lassen, so machen wir uns Vorwürfe und könnten uns sehr irren. Denn unser Liebling hat ein neues Heim gefunden, wo es ihm besser schmeckt, er mehr Ruhe hat oder mehr Spiel und Streicheleien bekommt.

Das Fazit? Wenn Sie sich die Gunst Ihrer Katze erhalten wollen, dann dürfen Sie nicht nachlassen im Bemühen, sie glücklich zu machen.

DARF DIE KATZE MIT INS BETT?

Für viele Katzenfreunde ist das überhaupt keine Frage. Sie brauchen ihren Schmusetiger als Einschlafhilfe abends im Bett. Dennoch – sollten Sie Single sein, es aber nicht unbedingt bleiben wollen, dann überlegen Sie es sich gut. Es sollen schon einige Beziehungen unter solchen Dreierverhältnissen schwer gelitten haben. Und das Abgewöhnen ist nicht ganz so leicht wie das Angewöhnen.

Natürlich gibt es fast nichts Schöneres als ein lebendiges schnurrendes Kätzchen im Rücken oder auf dem Bauch. Aber Bettkatzen können recht anspruchsvoll sein: Manche finden es störend, wenn Sie abends ein Buch im Bett lesen möchten, andere fordern um vier Uhr morgens zum Spielen auf. Gehören zwei oder mehr zum Haushalt, veranstalten sie vielleicht mitten in der Nacht Rennen durch alle Räume und übers Bett. Gerne wecken sie ihre Menschen liebevoll im Morgengrauen, weil sie ausgeschlafen haben, sich langweilen und hungrig sind.

Dagegen hilft nur Konsequenz und Grausamkeit gegen die verstoßenen, verständnislosen Schmuser: endgültig die Schlafzimmertür schließen. Wohlgemerkt auch tagsüber. Abend für Abend Ohropax in die Ohren stopfen, um beim klagenden Miauen nicht weich zu werden, um das Kratzen an der Tür und die Sprünge an die Türklinke zu überhören. Wenn Katz auch noch das Protestmarkieren an der geschlossenen Schlafzimmertür ausprobiert, wird sie im Badezimmer oder im Wohnzimmer samt Katzenklo und Katzenkörbchen ausgesperrt – ob das gut geht, ist eine andere Frage. Manch geplagte Menschenseele ist da schon weich geworden. Darum, liebe Katzenfreunde, überlegen Sie es sich gut, bevor Sie Ihre Katze ins Bett lassen: Einmal erlaubt ist (so gut wie) immer erlaubt.

SIND KATZEN NACHTRAGEND?

Eigentlich nicht. Aber: Was sind wir für gefühlsarme Egoisten, fahren in den Urlaub und schieben die Katze in eine Tierpension ab! Oder lassen sie zu Hause von den Nachbarn versorgen. Können wir da wirklich einen Freudentanz bei unserer Rückkehr erwarten? Nein. Null Begrüßung und nicht das geringste Zeichen von Freude oder Interesse. Ihre gut versorgte Katze ist beleidigt und zeigt es Ihnen: Wie konnten Sie Ihren Liebling auch so lange allein lassen? »Ich hab Euch inzwischen ganz vergessen«, will sie mit ihrer Haltung sagen, »so wie Ihr mich vergessen habt.« Jetzt heißt es Wiedergutmachung auf allerhand Wegen – Spiel-, Streichel- und Schmuseangebote, nicht zu vergessen die Sonderhäppchen. Mit Großmut und etlichen Opfergaben wird das göttliche Wesen uns wieder akzeptieren, und die Zeit des Ignorierens werden wir doch nicht als nachtragend auslegen?

Katzen haben ein gutes Gedächtnis. Man sagt: Ein Elefant vergisst nie – und Katzen sind kleine Gedächtniselefanten mit Fell. Sie nehmen leicht übel und zeigen es deutlich. Ein heftiges Fortschicken, ein scharfes Wort oder gar ein Klaps werden nicht vergessen und können das Vertrauensverhältnis für längere Zeit belasten. Keine Entschuldigung, die alles wieder gut macht, wird akzeptiert. Der Mensch braucht seine ganze Bußfertigkeit und viel Geduld, um die gekränkte Katze zu besänftigen und zurückzugewinnen. Und das geht manchmal nur langsam: Eine hingestreckte Hand mit Futter vielleicht, eine vorsichtige Annäherung durch ein kurzes Streicheln. Katzen sind eigen und ihr Menschenfreund sollte sich möglichst keine unbeherrschte Reaktion leisten. Hunde sind bei weitem versöhnlicher.

HABEN KATZEN HUMOR?

Ausgerechnet die sensiblen, stolzen Katzen ignorieren den Widerwillen von Gästen, die erstarren, wenn sie eine Katze in der Ferne sehen. Hunde spüren es, wenn ein Mensch nichts von ihnen wissen will, und ziehen sich zurück. Katzen dagegen scheinen von solchen Besuchern magisch angezogen zu werden. Sie suchen sich geradezu die aus, die ihnen steif, ablehnend oder kühl begegnen. Als wollten sie diese Leute in Verlegenheit bringen oder vielleicht auch davon überzeugen, dass sie mit ihrer Haltung Unrecht haben. Ganz selbstverständlich springen sie auf den Schoß der Katzenablehner, falten sich zusammen und schnurren herausfordernd wohlig.

Ein Freund war immer wieder das Opfer unserer zarten und liebevollen Katze Millipilli. Seine Aversion gegen Katzen war so stark, dass er sie nicht einmal selbst vom Schoß herunterschieben wollte. Wir mussten ihn immer von ihr befreien. Sie aber begann, nachdem sie ungeduldig auf sein Streicheln gewartet hatte, auf seinen Schenkeln zu trippeln, ihr Köpfchen an seinem Pullover zu reiben und wurde immer aufgeregter, je weniger er auf ihre Avancen einging. Und abends schaffte sie es, sich ins Gästezimmer zu mogeln, wo sie zu seinem Entsetzen schon auf ihn wartete – in seinem Bett!

Vielleicht sah sie in ihm einen Seelenverwandten, der es nach Katzenart nicht liebt, wenn Fremde einen anstarren und gleich vertraulich werden. Womöglich glaubte sie, dieser Mensch versteht mich, ist einer wie ich, blickt zur Seite, hält sich zurück, den möchte ich näher kennenlernen. Allerdings: Wenn ich sie angesehen habe, wie sie da auf dem unglücklichen Mannesschoß saß, da hat sie mir zugezwinkert.

SIND KATZEN LAUNISCH?

Katzen zeigen durchaus, in welcher Stimmung sie sind. Bei Föhn werden sie unruhig, an grauen Tagen schlafen sie ihre Depression aus, an schwülen Sommertagen vor einem Gewitter sind sie gereizt, ebenso, wenn ihr Mensch sie missachtet.

Launisch sind Katzen eigentlich nicht, weil es immer einen Grund gibt, warum sie sich auf die eine oder andere Weise verhalten. Katzenfreunde berichten ganz unterschiedlich über das Verhalten ihrer Lieblinge: »Die ältere Katze kann ein echtes Biest sein – ne Katze halt: launisch, mürrisch, ewig maulend, wählerisch und dann wieder mein Schoßwärmer.« Im Zusammenhang mit der Frage, ob Schildpatt-Katzen einen »schwierigen Charakter« hätten, hieß es, »dass die Mädels allgemein etwas launischer sind«. Kölja Skinrötter beschreibt ebenfalls eine sehr übellaunige Katze in seiner für den Merlin Verlag neu erzählten Geschichte von den Bremer Stadtmusikanten: Aber auch diese Katze hat ihren traurigen Grund, übellaunig zu sein:

Und während sie so gen Bremen schlenderten und übers Hunde- und Eselleben redeten, begann es zu regnen. Mitten im Regen aber saß die schlechtgelaunteste Katze der Welt. Sie hatte so schlechte Laune, dass man davon ausgehen kann, dass Fräulein Katze ganz alleine schuld am Regenwetter war. Esel und Hund sahen sich vielsagend an. »Äh, was ist los?«, fragte der Esel vorsichtig in Richtung Katze. »Verdammt noch mal, lasst mich in Ruhe, ihr Idioten – ihr könnt mich alle mal, haut ab, verpisst euch! Tschüß! Ihr seid ja immer noch da!«, schrie sie und schrie weiter, noch lange nachdem der Hund sie recht behutsam auf den Arm genommen hatte und sie alle zusammen weitergingen. Auch die Katze war dem Tod nur knapp von der Schippe gesprungen, denn ihr Frauchen hatte sie im Weiher ertränken wollen, bevor ihr die Flucht durchs Gehölz gelang …

BRINGEN BUNTE KATZEN GLÜCK?

Dreifarbige Katzen, heißt es, bringen Glück. Sie sollen sogar das Haus vor Feuer schützen. Voraussetzung für das Glück sind *drei* verschiedene Farben: schwarze und rote Flecken auf weißem Fell. Als Eigenart kommt hinzu, dass dreifarbige Katzen fast alle weiblich sind. Wenn aber wirklich einmal ein dreifarbiger Kater geboren wird, ist er unfruchtbar.

Bunte Katzen werden auch Glückskatzen genannt, obwohl sie keine eigenständige Rasse sind, es ist nur eine Bezeichnung der Fellfärbung. Man nennt es auch Tricolor, bei Persern Calico oder Schildpatt (Tortoise) mit weiß. Das Schildpattmuster selbst besteht aus roten und schwarzen Farbanteilen, die gescheckt oder in marmorierter Verteilung vorkommen können. Kommt dazu auch noch ein Tiger- oder Tabby-Muster, werden sie Torbies genannt. Übrigens: Eine Tabby hat meist auch noch ein aus Streifen geformtes M auf ihrer Stirn.

GIBT ES MÄNNERKATZEN?

Klar, wer kennt nicht die netten Männer, die mit allen Kätzchen sanft umgehen können? Jedenfalls gelten sie als sensibler und einfühlsamer als Männer ohne Katzen. »Ich streichelte, ich liebkoste dies weiche, sensible Tier, das geschmeidig ist wie ein Stoff von Seide – sanft, warm, kostbar und gefährlich«, schrieb Guy de Maupassant, ein großer Katzenfreund.

Frauen sind der Überzeugung, dass katzenliebende Männer eine feinfühlige, weiche Seite haben, anders als die bedauernswerten katzenlosen Männer. Aber wer kennt leider nicht ein paar der schlimmen Kerle, die Katzenhasser? Schon mal was von einer Katzenhasserin gehört? Natürlich nicht. Es sind die Männer, die sich morgens über die Pfötchenspuren auf dem Auto ärgern, Katzenmusik unter dem Schlafzimmerfenster hassen und sich über sorgfältig vergrabene Hinterlassenschaften von Katzen aufregen.

Dennoch, es gibt sie, die freundlichen männlichen Katzenliebhaber. Die mit ihrer Katze sprechen, schmusen und sie verwöhnen. Und es gibt die Katzen, die sich nur zu Männern hingezogen fühlen. Das scheint eine Frage der Erfahrung zu sein. Katzen, die bei einem Mann aufwachsen, haben eine natürliche Präferenz für Männer. Es fällt ihnen schwer, wenn sie sich in einem zweiten Zuhause an eine Frau gewöhnen sollen. In einer Zeit, in der Katzen von Alleinstehenden als Wohnungskatzen und Partnerersatz gehalten werden, ist die Prägung auf einen Menschen besonders stark.

Verhaltensforscher ermittelten in einer Untersuchung, dass alleinstehende Männer mit Katze weniger ängstlich und empfindlich seien und weniger zu Nervosität neigten. Lasst alle Männer zu Katzenfreunden werden!

Wer Katzen mag, ist auch erotisch.
Claus Peymann

WANGENKÜSSE VON SABA?

Mit jedem ihrer Wangenküsse werden Sie von Ihrer Katze diskret gezeichnet. Danach tragen Sie das Dieser-Mensch-gehört-zu-mir-Parfüm. Und jeder Artgenosse weiß Bescheid, dass Sie Sabas Frauchen sind. Vermutlich halten Sie es für pure Zuneigung, die allein Ihnen gilt!

Wer würde an so etwas denken, wenn seine Schöne zutraulich »Köpfchen gibt« und Sie sie ganz gerührt noch an sich drücken beim Hinter-den-Ohren-Kraulen? Tatsächlich übertragen Katzen ihr persönliches Katzparfüm, ein Duftstoff, der von den Talgdrüsen des Haarkleids produziert wird, auf alles, was sie beanspruchen. Diese Duftdrüsen sitzen konzentriert am Kopf, an den Pfotenballen und am anderen Ende. Das erklärt auch, warum sich Katzen so gerne zur Begrüßung an den Beinen reiben, indem sie mit den Wangen ihre Menschen und deren Kleidung oder auch Gegenstände streifen. Katzen unterscheiden so beim Beschnuppern, ob es sich um bekannte oder revierfremde Katzen handelt.

SIND KATZEN FALSCH?

Es handelt sich um ein altes Vorurteil, das entstanden ist, weil man das Verhalten der Katze mit dem des Hundes verglichen hat. Der Hund ist in seinen Reaktionen für den Menschen verständlich, er ist seinem Herrn selbst dann ergeben, wenn der ihn schlecht behandelt. Falsch sei die Katze, sagen die Menschen, weil sie nicht so wie der Hund ist, weil sie schlechte Behandlung übelnimmt und ihre Konsequenzen daraus zieht. Sie kratzt, wenn man sie gegen ihren Willen festhält, sie beißt aus Liebe mitten im Streichelmarathon, oder sie tut beides beim Spiel mit ihrem Menschen.

Im Volksmund heißt es zum Beispiel: »Schmeichler sind Katzen, die vorne lecken und hinten kratzen.« Wie Katzen reagieren, passt oft nicht in unser Erwartungsschema und unser Besitzdenken. Als sei die Katze ein Gegenstand, als müsse sie sich unterwerfen aus Dankbarkeit dafür, dass wir ihr einen Schlafplatz, Futter und überhaupt – Aufmerksamkeit schenken. Aber die Katze wurde später als der Hund von Menschen domestiziert, und uns ist es bisher nicht gelungen, ihre Eigenheiten wegzuzüchten. Wir haben Katzen nach wechselnden Moden gezüchtet, in allen Farben, mit kurzen oder langen Haaren, mit buschigen und langen dünnen Schwänzen und ihr das Fell ganz genommen, um sie als Bild des Jammers nackt herumlaufen zu lassen. Aber die Katze lässt sich immer noch nicht dressieren oder wie ein Hund erziehen. Und weil manche Menschen so viel Widerstand gegen so viel Anstrengung nicht verstehen, deshalb ist die Katze falsch – sie hat über Jahrtausende ihr manchmal rätselhaftes, unabhängiges Wesen behalten. Und gerade das ist es, was Katzenfreunde schätzen.

WIE ZEIGT DIE KATZE IHRE ZUNEIGUNG?

Sie kennen die Metapher »jemandem um den Bart gehen«? Genau das tut die Katze nämlich, nur dass sie sich dazu nicht den Bart, sondern meist die Beine einer geliebten Person aussucht. Sie lehnt und schmiegt sich an, reibt sich, macht kehrt und streift wieder mit hoch erhobenen Schwanz an ihnen entlang. Oft schnurrt sie dabei ein Liebeslied in verschiedenen Tönen, stellt sich auf die Hinterbeine, macht sich lang und streckt die Vorderpfoten nach Ihren Schenkeln aus. Diese Gesten der Begrüßung sind ein Ritual beim Austausch von Gerüchen. Die Katze hat zahlreiche Duftdrüsen an verschiedenen Stellen des Kopfes, an ihren Fußballen und am After, mit denen sie uns parfümiert. Danach putzt sie sich und verteilt unseren Geruch auf ihrem Fell.

Zuneigung ist für die Katze immer auch verbunden mit Vertrauen und Verehrung. Dann bringt der Kater seiner Menschin auch Geschenke als Liebesbeweis. Elke Heidenreich beschreibt, wie unvergleichlich solche Verehrung sich äußert: »Katzen ersetzen Ehemänner und Geliebte. Kater kommen mit leuchtenden Augen nach Hause, werfen uns eine Maus vor die Füße und gurren: Da Schönste, näh' dir ein Krägelchen.«

SIND KATZEN EIFERSÜCHTIG?

Unsinn, erklären manche Verhaltenforscher, es geht um Futter und Territorium. Eifersucht sei doch ein Begriff aus der menschlichen Gefühlswelt. Aber welcher Katzenfreund würde bezweifeln, dass es um Liebe, Verdrängung und Verlustangst geht? Zumal wenn es sich um eine Einzelkatze handelt, die sich einem Menschen besonders eng angeschlossen hat. Ein Beispiel aus der Literatur ist Kater Ming in der Geschichte »Mings größte Beute« von Patricia Highsmith:

»Ming verabscheute Menschen. Auf der ganzen Welt konnte er nur Elaine leiden. Elaine liebte ihn und verstand ihn. Vor allem diesen Mann namens Teddie verabscheute Ming in letzter Zeit.« So kommt es schließlich zu einer dramatischen Begegnung: »Ming duckte sich und schnellte dann mit aller Kraft vor, landete mit allen vier Pfoten auf dem rechten Ärmel des Mannes in Schulternähe. Ming hielt sich an dem Stoff der weißen Jacke des Mannes fest, doch beide stürzten. Der Mann stöhnte. Ming ließ sich nicht abschütteln. Zweige splitterten. Ming wusste nicht, wo unten und oben war. Er sprang von dem Mann fort, merkte zu spät, in welcher Richtung sich der Boden befand, und landete auf der Seite. Fast gleichzeitig hörte er den dumpfen Aufprall, mit dem der Mann zu Boden ging, dann das Geräusch, mit dem sein Körper weiterrollte, und dann trat Stille ein.«

Auch Katzen kämpfen um Liebe, und das nicht nur, wenn sie fürchten, die uneingeschränkte Gunst ihres Menschen zu verlieren. Sogar auf sein neues Hobby, das ihn davon abhält, sich wie bisher mit ihr zu beschäftigen, kann die Katze eifersüchtig werden, weil es die gewohnte Schmuse-, Spiel- und Pflegezeit verkürzt. Auch ein Baby, eine Zweitkatze oder ein Hund – sie alle sind Konkurrenten um Liebe, Zuwendung und Streicheleinheiten.

Eine Katze kann wie ein Mensch gekränkt und eifersüchtig auf alles sein, womit sie ihren Menschen plötzlich teilen soll. Und weil sie nicht sagen kann: »Du, ich fühle mich jetzt aber wirklich

schlecht von dir behandelt«, protestiert sie auf ihre Art, und zwar unübersehbar. Alles, was Menschen aufmerksam macht, wird ausprobiert. Wohlerzogene kastrierte Kater markieren durch Urinspritzen die Wohnung, Kätzinnen machen plötzlich ihr Geschäft auf Sessel oder Sofa. Irgendwann hängt die Tapete in Fetzen herunter, und Kissen oder Decken werden mit den Krallen bearbeitet. Diese Zeichen sind dann ein so unübersehbarer Protest, dass der Mensch nicht anders kann, als sich um seine Katze zu kümmern.

Oft lassen sich solche Schwierigkeit vermeiden. Versuchen Sie so viel wie möglich vom früheren engen Zusammenleben mit Ihrer Katze in die neue Beziehung zu übernehmen. Bereiten Sie einen Übergang vor, wenn sich etwas an Ihrem Hausstand verändern wird. Nehmen Sie Rücksicht auf die Gefühle Ihrer Katze und tolerieren Sie ihre Verdrängungsangst.

Sprechen Sie Ihre Katze noch öfter an als sonst, lenken Sie sie ab durch noch mehr Spielen und Schmusen. Lassen Sie nicht zu, dass sie sich zurückzieht. Locken Sie sie mit etwas, was für sie unwiderstehlich ist. Getrocknete Blüten und Blätter von Katzenminze in ein Säckchen eingenäht (im Zoogeschäft erhältlich) berauschen und entspannen Ihre Katze. Sie wird sich darauf rollen und wälzen und ekstatisch Kopf und Körper parfümieren. Nach kurzer Zeit nehmen Sie es ihr weg und verwahren es in einem geschlossenen Glas für das nächste Spiel auf. Dieses Spielzeug sollten Sie nicht öfter als zweimal in der Woche benutzen, damit die Wirkung nicht nachlässt, wenn Ihre Katze einmal missgestimmt oder nervös ist.

KÖNNEN KATZEN SZENEN MACHEN?

Verliebte Katzenhalter denken vielleicht am wenigsten daran, ihre Katze zu fragen, was sie von dem neuen Partner hält. Dabei ist es gar nicht so selten, dass Katzen überhaupt nicht einverstanden sind mit der Partnerwahl ihres Menschen. Manche Katzen, die introvertierten, protestieren passiv, indem sie sich zurückziehen, ihrem Menschen das Vertrauen entziehen. Die Kämpfernaturen, die sich missachtet fühlen, geben nicht so leicht auf. Wenn die Katze den neuen Partner nicht akzeptiert, ihn anknurrt, seine Versöhnungs- oder Bestechungsangebote ablehnt und vor lauter Unglücklichsein plötzlich unsauber wird, dann wird es richtig ernst. Wenn sie auch noch aus dem gemeinsamen Schlafzimmer ausgeschlossen wird, die Zimmertür für sie verschlossen bleibt, obwohl sie gewohnt ist, im Bett zu schlafen, wird die Situation für alle ungemütlich.

Ein Katzenfreund berichtet, wie sich sein Kater verhielt, als er seine Frau kennenlernte: »Wenn wir anfingen, miteinander zu kuscheln, kam der Kater sofort und ging dazwischen.« Natürlich wurde er ziemlich nachdrücklich weggeschickt. Die Folge war, dass er anschließend den ganzen Tag beleidigt war, sein Herrchen ignorierte, und das sogar noch, nachdem der Damenbesuch schon längst wieder weg war.

Umgekehrt geht's auch: »Mein Freund durfte mich am Anfang nicht berühren, schon fing meine Katze an, laut zu protestieren, und hat sich dazwischengedrängelt«, berichtet eine Katzenfreundin.

»Als meine Mutter mein Brüderchen … bekam, hat sich Sally aus dem Staub gemacht«, schrieb eine Katzenfreundin. »Nach drei Wochen stolzierte sie wieder ins Wohnzimmer, sah sich um: Was, der ist ja immer noch da! Ja, dann tschüss. Sie hat sich in der Nachbarschaft eine ältere alleinstehende Dame auserwählt. Und seitdem hat sie mich jedes Mal, wenn ich ihr begegnete, mit einem Blick gemustert, einem Blick …!«

Eine Katzenmutti erlebte, wie sehr es ihren zehnjährigen Kater erschütterte, als sie eine 15 Jahre alte Katze aufnahm. Der Kater, der sanft und anhänglich wie ein kleines Kind war, versuchte die neue Katze ständig zu verdrängen, wenn sie auf ihrem Schoß lag, und hat sie sogar mal verhauen Er ließ sein Frauchen überhaupt nicht mehr aus den Augen, damit die Fremde keine Gelegenheit hatte, sich bei ihr breit zu machen. Sie musste ihn zusätzlich trösten und auf den Arm nehmen, wo er dann seine Pfötchen auf ihre Schultern legte.

Besonders deutlich zeigte sich die Eifersucht ihrer Katze noch nachträglich, als eine junge Frau sich von ihrem Partner getrennt hatte. Seither wurde der beliebteste Aufenthaltsort ihrer Katze das frühere Zimmer ihres Partners, das die Katze vorher nicht betreten dufte. Als der menschliche Störenfried ausgezogen war, gab es nichts Schöneres, als mit Frauchen in *seinem* Zimmer zu sein und in *seinem* Bett zu schlafen.

Ein grelles Fauchen, ein Schrei, ein hektischer Sprung … Camille schrie leise auf, als hätte sie sich verbrannt. Die Katze stand starr auf der ausgebreiteten Zeichnung, eine einzige flammende Anklage gegen die junge Frau, sträubte das Fell, entblößte die Zähne und das trockene Rot ihres Rachens …

Colette

MANN ODER KATZE?

1. Katzen schleppen nichts ins Haus: keine Computerzeitschriften, keine alten Autoteile und auch keine Musterpullis von Mutti.
2. Katzen spielen mit Staubflocken, statt sich darüber aufzuregen.
3. Katzen haben keine Bierfahne, wenn sie sich nachts rankuscheln.
4. Katzen liegen immer zu Füßen.
5. Katzen werden nicht durch eine Erkältung zum pflegebedürftigen Invaliden, schließlich haben sie neun Leben.
6. Katzen spüren ganz genau, wie wir drauf sind. Männer wissen ganz genau, wie *sie* drauf sind.
7. Katzen lassen ihre Socken nicht überall liegen.
8. Katzen müssen nicht immer wieder aufgefordert werden, sich die Nägel zu schneiden: Krallenmatte hinlegen genügt.
9. Katzen haben von Natur aus einen perfekten Körper, Männer glauben das nur von sich.
10. Katzen fressen auch Dosenfutter.
11. Katzen interessieren sich für Wäsche, sie setzen sich sogar in die Trommel.
12. Katzen können durch Kastration vom Streunen abgehalten werden.
13. Katzen schnarchen nicht, sondern schnurren, wenn sie neben uns im Bett liegen.
14. Katzen nehmen auf der Couch nicht so viel Platz weg.
15. Katzen laden ihre Mutter nicht zum Essen ein.
16. Katzen mögen alle Fernsehprogramme – nicht nur Fußball und Action.
17. Katzen haben beneidenswert volles und glänzendes Haar.
18. Katzen setzen sich auf ihr Klo.
19. Katzen kann man sich nach Alter, Rasse und Typ aussuchen, und: Man kann problemlos mehrere haben.
20. Katzen stellen den Kühlschrank nicht mit Bierdosen voll.

(Quelle: verschiedene Internetseiten)

SIND MENSCHEN AUF KATZEN EIFERSÜCHTIG?

Gibt's das wirklich? Mensch eifersüchtig auf ein Tier? Ja, und darunter können Beziehungen und die Verliebtheit schwer leiden. Manchmal führt es sogar zur Trennung von Paaren, die mit der Situation einer engen Freundschaft ihres Partners zu Katz oder Kater nicht zurechtkommen, sie nicht einmal tolerieren können. Die meisten Probleme dabei haben offenbar Frauen, die das innige Verhältnis ihres Partners zu seiner Katze buchstäblich nicht mit ansehen können. Sie selbst haben keine solche Mensch-Tier-Freundschaft kennengelernt und vergleichen die Zeit, die der Mann für seine Katze aufwendet, damit, wie er sie als Frau behandelt: Wir können nie ohne die Katze auf dem Sofa sitzen! Muss deine Katze denn unbedingt mit ins Schlafzimmer?! Für mich würdest du das nicht tun! Für die Katze immer nur das Beste und für mich? So viel, wie du mit deiner Katze schmust … da bleibt ja gar nichts mehr für mich übrig! Eindeutig ein Fall von Eifersucht auf die Katze.

Aber auch bei Männern, die eifersüchtig auf die Katze ihrer Freundin sind, geht es um die an die Katze »verschwendete« Zeit, die Rücksichtnahme, die Fürsorge bei der Pflege und Zärtlichkeiten, die der Mann für sich beansprucht. Das kann so weit gehen, dass *Er* das für ihn gekochte Essen mit dem Gourmetmenue für *Ihn* vergleicht: Der Kater kriegt jeden Tag Fleisch mit Sauce, wenn auch aus der Dose, und für mich gibt's nur Nudeln! Nicht selten wird die Entscheidung, ob man zusammenzieht, davon abhängig gemacht, dass die Katze woanders hinkommt. Und spätestens bei einer solchen Forderung sollten Katzenfreunde ganz wach werden und sich gut überlegen, ob diese Dreier-Beziehung halten kann.

KANN MAN KATZENSÜCHTIG WERDEN?

Eigentlich nicht. Wenn man mitten in der Nacht aus dem Bett gemaunzt wird, weil die arme Katze einen unbändigen Hunger verspürt, man schlaftrunken in die Küche wankt, das Futterschälchen füllt und – vergeblich darauf wartet, dass Katzi frisst. Oder wenn sie die Tapeten herunterfetzt, den Orientläufer als Krallenmatte missbraucht, die Zimmerpalme abbricht, dem Sessel zu einem neuen Bezug verhilft, uns dazu bringt, alle Zimmertüren auszuhängen. Wer wollte da noch mehr von den Biestern haben, wo doch die zweite nur dazu gekommen ist, weil die erste sich gelangweilt hat?

Dass man aber in Wirklichkeit nicht ohne Katzen sein möchte, spürt man an den Entzugserscheinungen im Urlaub. Die Zeit kann gar nicht schnell genug zu Ende gehen. Und wenn Nachwuchs unterwegs ist, hört der schon früh das entspannende Schnurren.

WAS IST KATZENTHERAPIE

Das gegenseitige zärtliche Berühren ist der Schlüssel zum Wohlbefinden von Katze und Mensch. Es ist wissenschaftlich nachgewiesen, dass Katzenstreicheln uns hilft, Frustration und Spannungen abzubauen.

Eine freundschaftlich vertrauensvolle Beziehung zu einer Katze oder auch zu einem Hund, die, anders als menschliche Freunde, unser Vertrauen nie missbrauchen und immer echte Gefühle zeigen, kann seelische Verletzungen mildern und sogar heilen. Menschen, die sich aufgrund von Missbrauch, schweren Enttäuschungen, traumatischen Erlebnissen völlig zurückgezogen hatten, gewinnen durch eine unbelastete Erfahrung im Zusammenleben mit einer Katze seelischen Halt.

Katzenfreunde in fortgeschrittenem Alter werden seltener krank und depressiv, und Ärzte und Psychologen sehen den Grund dafür im Umgang der Patienten mit ihren Katzen. Katzen fordern zu Spiel und Zärtlichkeit auf. Sie beschäftigen und lenken ihre Menschen ab.

Bei Herzpatienten hat sich der Blutdruck gesenkt und das Herz beruhigt, wenn sie mit einer Katze zusammenleben. Ihre Überlebenschancen erhöhen sich. Erwiesen ist auch, dass Patienten, die einen stressbedingten Herzinfarkt überlebt haben, stark gefährdete Bluthochdruckpatienten, aber auch verschiedentlich Fälle von Verwirrung und Geisteskrankheit ein gefestigtes Verhältnis zu ihrer Umwelt und einen besseren Gesundheitszustand erreicht haben. Das Wesen der Katze beruhigt den Menschen, entspannt Körper und Geist und heilt. Das Heilmittel ist die bedingungslose Zuneigung eines sensiblen Tiers, das auf den Menschen eingeht und sich dabei nicht aufdrängt.

WAS SAGT DIE KATZE OHNE WORTE?

»Miau sagt mehr als tausend Worte« heißt das legendäre Katzenbuch von Paul Gallico, in dem eine clevere Katze anderen Miezen Ratschläge gibt, wie man Menschen um die Pfote wickelt. »Miau« bedeutet im Zweifel so viel wie »Ich will« – Futter, auf den Schoß, gestreichelt werden, raus, alles freundliche Kommandos. Manche Katzen gurren und schnurren, was das Zeug hält, wenn sie zufrieden sind. Was Fauchen bedeutet oder gar Knurren, ist nicht nur den Artgenossen klar: »Das mag ich nicht!«, und: »Gleich setzt es was!«

Lächeln mit den Augen macht die Katze mit einem Zwinkern, das ist immer nett gemeint. Ganz anders das Anstarren, noch dazu mit verengten Pupillen, das kann schon, zusammen mit anderen Zeichen, »Angriff« bedeuten. Zum Beispiel, wenn gleichzeitig die Ohren nach vorn gedreht sind, zucken oder defensiv flach anliegen. Sind sie nach hinten eingeknickt, ist Miez noch unsicher.

Der hochstehende Schwanz signalisiert freudiges Begrüßen, ist er nach unten gesenkt und aufgeplustert, kombiniert mit Katzenbuckel, wird daraus eine typische Drohgebärde. Zuckt und bewegt sich der Schwanz heftig, dann ist das keineswegs freundlich gemeint, es zeigt Erregung und manchmal schon Aggression.

Das Köpfchengeben und Reiben gehört zu den freundlichen Gesten, nicht immer ohne den Hintergedanken – ans Futter. Ebenso sind Nasenstupser, Lecken und Knabbern an Ihrer Hand kleine Liebesbezeugungen.

Dann die wunderbare Gabe, durch das einzige Wörtchen »Miau« Freude, Schmerz, Wonne und Entzücken, Angst und Verzweiflung, kurz alle Empfindungen und Leidenschaften auszudrücken. Was ist die Sprache der Menschen gegen dieses einfachste aller einfachen Mittel, sich verständlich zu machen!

E.T.A. Hoffmann

GIBT ES KAMPFKATZEN?

Wir waren zu einer Lesung im Haus eines Mannes, der als exzentrisch galt. In der Pause hörten wir lautes Katzenschreien. Der Hausherr erklärte, seine Katze beschwere sich darüber, dass sie in ihrem Zimmer allein bleiben müsse. Die Gäste baten ihn, die arme Katze hereinzulassen. Der Gastgeber lächelte, ging und kam mit einer riesigen Tigerkatze auf dem Arm zurück. Sie machte einen Satz auf die Anrichte sträubte die Körperhaare und knurrte in verschiedenen Tonlagen mit leicht geöffneten Lippen. Dabei zuckte der Schwanz wie unter elektrischen Stromschlägen. Eine junge Frau sprach beruhigend auf sie ein. Die Katze fixierte die Frau und machte sich sprungbereit. Sobald sich jemand von den Gästen rührte, nach seinem Glas griff oder nur seine Haltung änderte, wurde das Drohen der Katze stärker. Niemand wagte mehr, sich zu rühren. Der Gastgeber sprach mit monotoner Stimme zu seiner Katze, dann nahm er sie wieder in seine Arme. Wir warteten nicht, bis er ohne die Katze zurückkam.

LIEBEN KATZEN MENSCHENBABYS?

Katzen reagieren oft empfindlich, was ihre eigene Stellung in der Familie betrifft, zum Beispiel wenn ein Baby hinzukommt. Dann haben Herrchen und Frauchen nicht nur eine Menge neuer Aufgaben und Sorgen mit einem Menschenkind, sondern womöglich auch ein paar Probleme mit einer traurigen und verunsicherten Katze, die nicht nur ihre Aufmerksamkeit zur gewohnten Zeit, sondern auch noch Trost erwartet. Natürlich gibt es auch unkomplizierte Katzen, die ein Baby gleich adoptieren und nichts schöner finden, als ebenfalls auf den weichen warmen Kissen im Babybettchen zu schlafen – vorausgesetzt das Baby ist kein Schreihals.

Manche Katzen reagieren wie ein Kind, das ein Geschwisterchen bekommt und nicht versteht, warum das Neue so viel mehr Aufmerksamkeit als es selbst erhält. Auch Kinder, die sich benachteiligt fühlen, können schwierig werden und sogar das Baby schlagen. Wenn Musch jedoch apathisch wird, Spielen ablehnt, sich versteckt, kaum mehr frisst und abmagert, werden Sie wahrscheinlich die Hilfe eines Tierarztes oder Verhaltenstherapeuten brauchen. Leider geben manche Menschen ihre langjährige treue Samtpfote weg, wenn sie mit der veränderten Situation nicht klarkommt. Als erfahrener Katzenfreund haben Sie sicher schon vorher die Versöhnungstherapie: »mehr von allem«, Kuscheln, Spielen, Schmusen ausprobiert, um die emotionale Krise zu lösen. In der Homöopathie gibt es dafür Mittel, die ein Stimmungstief positiv beeinflussen können. Vielleicht braucht aber auch das Baby eine kleine homöopathische Dosis zur Beruhigung?

WERDEN KATZEN STREICHELBÖSE?

Unberechenbar, so heißt es, sei die Katze, man könne ihr nicht trauen: Erst will sie schmusen, und wenn man sie dann krault und streichelt, kratzt und beißt sie ohne Vorwarnung. Verhaltensforscher glauben, es gäbe zwei Gründe dafür: Sind Kätzchen ohne ständigen Kontakt zu Menschen aufgewachsen, werden sie versuchen, die Jagd- und Fangspiele, die sie sonst mit Mutter und Geschwistern geübt hätten, an Menschen auszuprobieren. Oder die nicht kastrierte Katze wird geschlechtsreif, und durch die hormonelle Veränderung kann es schnell zu einer Überreizung beim Streicheln und Spielen kommen.

Der Bauch ist ein besonders empfindlicher Körperteil. Selbst wenn sich die Katze vorher auf den Rücken gerollt hat, ihn zum Streicheln und Krabbeln anbietet, kann sie blitzschnell mit ausgefahrenen Krallen die Hand klammern und hineinbeißen. Ebenso reagiert sie nach ein paar ruhigen Rückenstreichelbewegungen, wenn sie nach wenigen Augenblicken überreizt mit den Pfoten schlägt. Kraulen hinter den Ohren oder unter dem Kinn dagegen wird gnädig gewährt.

Warnzeichen sind, wenn Ohren und Schwanz zucken und sich die Schnurrhaare seitlich anlegen. Am besten bringen Sie Ihre Hände dann schnell in Sicherheit. Gelingt Ihnen das nicht rechtzeitig, halten Sie am besten Finger und Hand unbewegt, dann beruhigt sich die Katze und löst die Umklammerung ihrer Pfoten. Nicht nur Beißen und Kratzen, auch regelrechte Angriffe aus Übermut, leisten sich manche Katzen im »Flegelalter« bis zu eineinhalb Jahren.

Erfahrene Katzenfreunde empfehlen, laut aufzujammern, selbst wenn die Tatzenhiebe nicht so schmerzhaft sind, ein lautes *Nein* mit Augenkontakt, und, wenn beides nicht hilft, sofort danach aufzustehen und wegzugehen. Nach einigen Malen lernt die Angreiferin – vielleicht – mit ihren Lieben sanfter umzugehen.

WARUM SIND KATZEN SO UNENTSCHLOSSEN?

Die Situation kennen Sie sicher auch: Samson Langhaar steht drinnen vor der Haustür und ruft dringend nach Ihnen. So lange, bis Sie alles stehen und liegen lassen, um Ihrer Katze die Tür öffnen. Jetzt hat sie es plötzlich gar nicht mehr so eilig. Unentschlossen macht sie ein paar Schritte, bleibt stehen, wendet den Kopf nach rechts und links, geht zögernd in Richtung Garten, dreht sich noch einmal um und verschwindet aus dem Blickfeld. Sie haben sich gerade Ihrer Arbeit zugewendet, da maunzt es wieder – draußen vor der Tür. Sie lassen sich nicht stören. Neben Ihnen erscheint plötzlich Ihre reizende Katze auf dem Fensterbrett. Sie vermeiden den Blickkontakt. Nach einer Weile ruft Samson wieder vor der Haustür, und zwar ausdauernd und mit schönem Stimmvolumen. Jetzt sind Sie in Rage. Warum kann der Bursche sich nicht ein bisschen draußen vergnügen, wo er doch so dringend raus wollte?

Ja, warum nicht? Desmond Morris hat dazu eine bestimmte Theorie: Katzen lieben offene Räume, deshalb sind geschlossene Türen etwas, was sie gar nicht mögen. Sie wollen wissen, was in ihrem Territorium vor sich geht, und sie wollen außerhalb des Hauses regelmäßig aktuelle Botschaften hinterlassen. Aktuell heißt möglichst mehrfach am Tag, zu jeder Jahreszeit. Die Intervalle variieren, die Dauer solcher Markierungsrunden auch. Aber wenn Sie keine Katzenklappe haben, durch die ihr Goldstück nach eigenem Zeitempfinden rein- und rausgehen kann, werden Sie selbst den Türöffner spielen müssen. So wie in dem wundervollen Video »Simon's Cat«, den Link habe ich auf www.edition-tieger.de für Sie bereitgestellt.

RASSEKATZE ODER MISCHLING?

Alle Katzen sind schön – und Katzenbabys sind unwiderstehlich, ob Rassekatze oder Wald- und Wiesenmischung. Züchter von Rassekatzen möchten bestimmte Schönheitsstandards und Eigenschaften weiterentwickeln oder betonen. Um das zu erreichen, werden gelegentlich Tiere verpaart, die die gewünschten Merkmale vorweisen, und so kommt es auch zur Paarung miteinander verwandter Tiere. Es entstehen dann manchmal Würfe mit wunderschönen Kätzchen, die dem Schönheitsideal einer bestimmten Rasse entsprechen – mit der richtigen Augenfarbe, Fellstruktur, Körperbau und einwandfreien erwünschten Farbnuancen. Der Stammbaum verrät, welche Prinzen mit welcher edlen Kätzin vermählt wurden und wo sich eventuell die Linien ihrer Vorfahren gekreuzt haben.

Schöne Katzen entspringen natürlich auch ungeplanten Hochzeiten. Die Katze ist schön wie ein Model, aber ein bisschen dumm. Wie sich das äußert? Sie ist nicht in der Lage, ihr Körbchen vom Katzenklo zu unterscheiden, und macht ihrer Menschenfamilie einige Sorgen. Es gibt Katzen, die absolut infantil oder debil sind und ihr ganzes Leben lang nicht fähig sind zur Kommunikation und zum Lernen. Das kommt bei Straßenkatzen vor, wenn zum Beispiel die Mama vom eigenen Sohn oder die Schwester vom Bruder gedeckt wurde. Aber meist sind während der Rolligkeit der Katze mehrere Verehrer beteiligt, und darunter wird hoffentlich auch ein »Fremder« sein, der für ein bisschen frisches Blut sorgt.

Nein, ich werde mir keine Perserkatze zulegen; die Verantwortung wäre mir zu groß.

Samuel Butler

KATZE ZUGELAUFEN – WAS TUN?

Ihnen hat das stets hungrige Tierchen leid getan, Sie haben es gefüttert und schließlich in Ihr Haus aufgenommen. Um die Katze noch mehr an ihr neues, selbst gewähltes Zuhause zu gewöhnen, lassen Sie sie auch nicht raus, wäre auch gefährlich bei dem Straßenverkehr!

Nun handelt es sich aber nicht um eine arme Streunerin, sondern nur um eine kleine clevere Abstauberin, die sich nicht weit entfernt von ihrem eigentlichen Zuhause eine zweite Futterstelle gesucht hat. Vielleicht wurde sie auch nicht so verwöhnt wie in ihrer neuen Zweitwohnung. Wenn sie nicht ausgehungert und heruntergekommen aussieht, ist das sogar wahrscheinlich.

Die Erstfamilie hat unterdessen die Vermisste überall gesucht, Polizei und Tierheim informiert – alles vergeblich. Bis sich durch einen Zufall herausstellt, wo die Fremdgängerin abgeblieben ist. Der Streit um die Katze entbrennt. Eine Katze ist für Juristen eine Sache, und wenn Sie eine Sache finden und mitnehmen, dann kann das Diebstahl sein. Tatsächlich hätte die »Finderin« der Katze die »Fundsache« dem Fundamt der Gemeinde melden müssen. Das Tierheim kann, falls sie tätowiert ist oder ein Chip implantiert wurde, den Besitzer ausfindig machen. Wenn nicht, ist man meist froh, wenn die Katze beim Finder »in Pflege« bleiben darf. Meldet sich der eigentliche Besitzer innerhalb eines halben Jahres, kann er das Tier zurückverlangen. Deshalb: Füttern ja, ins Haus lassen auch, aber der vermeintliche Findling sollte immer hinausdürfen.

Ist die Katze verletzt, müssen Sie sie ohnehin zum Tierarzt bringen. Haben Sie die Katze als Fundtier gemeldet, sichert Ihnen das auch eventuell die Erstattung von Tierarztkosten.

EINE URLAUBSKATZE MITNEHMEN?

Welcher Rom-Besucher kennt nicht die Katzenkolonien im antiken Zentrum der Stadt? Es sollen Zehntausende sein, und die schönsten Mischungen sind darunter. Auch die Katzen auf dem Pariser Friedhof Père Lachaise sind berühmt und werden von der einen oder anderen mitfühlenden Besucherin gefüttert. Nicht weniger beliebte Fotomotive sind die in den südlichen Ländern lebenden Urlaubskatzen, die halb verwildert und doch dem Menschen nahe sind. Sie lassen sich füttern, manche werden gar in den drei Urlaubswochen häuslich. Da liegt der Gedanke nahe, das arme Tierchen, das man von Zecken und Flöhen befreit hat, mitzunehmen, und womöglich ein Geschwister dazu.

Das ist in den EU-Ländern nicht allzu schwierig. Bringen Sie Ihren Schützling im Urlaubsland zum Tierarzt, die Katze muss gegen Tollwut geimpft und mit Papieren versehen werden und einen Chip haben. Für die Reise brauchen Sie eine Transportbox. Je kürzer die Reisedauer, umso besser, inzwischen akzeptieren die meisten Fluglinien kleine Tiere in der Kabine bei vorheriger Reservierung. Eine Beruhigungstablette hilft den Samtpfoten, die Reise besser zu überstehen.

WELCHE RECHTE HABEN MIETERKATZEN?

Wenn Sie mit Ihrer Katze zur Miete wohnen wollen, brauchen Sie eine Erlaubnis des Vermieters – oder auch nicht. Für »Kleintiere« brauchen Sie nämlich keine Extragenehmigung. Katze, Zwergpudel, Yorkshire Terrier sind kleine Tiere, aber sind sie auch »Kleintiere«?

Kaum vorstellbar, wie viele Rechtsanwälte und Richter sich mit diesem Thema beschäftigen. Richter sind unabhängig, und ihre Auffassung von »klein« kann sich sehr unterscheiden. So entschied das Landgericht Kassel zugunsten des Mieters, der seinen Vermieter um Erlaubnis gebeten hatte, einen Yorkshire Terrier halten zu dürfen. Es vertrat die Ansicht, Yorkshire Terrier seien der Kleintierhaltung zuzurechnen, denn diese Hunde seien »winzig klein, etwa so wie Meerschweinchen«. Für die Haltung von Kleintieren sei die Zustimmung des Vermieters ohnehin nicht erforderlich. Auf keinen Fall aber könne die Vermieterin hier die Genehmigung versagen: Diese Hunde könnten sich allenfalls durch »leises, heiseres Krächzen bemerkbar machen« und seien nicht in der Lage, andere Hausbewohner zu belästigen oder die Wohnung stärker abzunutzen.

Katzenhaltung gehört zum »bestimmungsgemäßen Gebrauch der Wohnung«, das hat der Bundesgerichtshof entschieden. Die Katzenhaltung darf nicht verwehrt werden, da der Mieter sonst in seinen Freiheiten zu sehr eingeschränkt würde. Voraussetzung ist, dass die Mitmieter im Haus nicht durch die Tierhaltung eines anderen Mieters »belästigt« werden, z.B. durch Geruch, Verschmutzung, Geräusche wie ständiges Maunzen oder durch Parasiten wie Läuse und Flöhe. Wer mit einer Katze in seiner Wohnung leben möchte, dürfte eigentlich keine Schwierigkeiten haben, diese Bedingungen zu erfüllen. Eher genehmigungspflichtig ist vermutlich, wenn Sie mehrere Katzen halten möchten. Wie viele »mehrere« sind, ist dann wahrscheinlich auch wieder Auffassungssache.

WORAUF ACHTEN BEIM UMZUG?

Katzen sind Gewohnheitstiere und hängen an ihrer Umgebung, ihrem Revier, dem Garten und der Nachbarschaft. Für Katzen, die die Freiheit kennen, ist ein Umzug deshalb nicht so einfach zu verkraften. Selbst wenn sie in ihrem neuen Heim wieder einen Garten und Freigang haben, brauchen sie Zeit, um sich an den neuen Ort zu gewöhnen. Deshalb sollten sie zuerst ein Gefühl für die neue Wohnung bekommen, bevor sie das neue Gelände erkunden dürfen. Lassen Sie ihre Katze nicht zu früh mit Ausflügen beginnen. Stellen Sie sich vor, dass sie zuerst eine Bindung an das noch fremde Heim gewinnen muss. Vielleicht richten Sie ihr einen schönen Fensterplatz ein, damit sie die Umgebung, Nachbarhunde und -Katzen beobachten kann. Geben Sie Ihrer Katze einige Wochen Eingewöhnungszeit, bevor Sie sie das neue Revier erobern lassen.

Wohnungskatzen haben es nicht ganz so schwer, sie wechseln zwar die Wohnung, vermissen aber nicht auch noch das gewohnte freie Leben. Dennoch, auch sie werden sich anfangs unwohl in den fremden vier Wänden fühlen. Achten Sie besonders darauf, dass sich Ihre Katze nicht durch die Wohnungstür vorbeidrückt, wenn Ihre Familie die Wohnung betritt oder verlässt. Wenn sie zu früh das neue Heim verlässt, hat sie nur geringe Chancen, sich zurechtzufinden. Und dass sie das alte Zuhause findet und dort abgeholt werden kann, ist keineswegs sicher.

WIE TEUER IST EINE KATZE?

Man mag nicht über Geld reden, wenn man sich eine Samtpfote im Haus wünscht. Manche Anbieter sind deshalb auch wenig zimperlich bei Preisgesprächen: »Ja, wenn es Ihnen zu viel Geld ist …« Und prompt kommt man sich ganz schlecht vor, als ob man Liebe kaufen könnte, und dann noch handeln!

Natürlich braucht ein Züchter einen anständigen Preis, um seine Kosten zu decken und einen Gewinn zu machen. Für seltene Rassekatzen sind mehrere Hundert Euro pro Kätzchen nicht ungewöhnlich. Es geht also, wie überall, um Seltenheit, um Angebot und Nachfrage.

Eine Katze aus dem Tierheim kann vielleicht 50 bis 150 Euro kosten, das hängt davon ab, ob sie bereits kastriert und geimpft ist. Ein gutes Werk tun Sie außerdem, denn die Miezen suchen dringend ein Heim, außerdem gibt es immer ganz entzückende darunter, die genau auf Sie warten!

Was kostet eine Katze im Jahr? Steuern brauchen Sie für Ihre Katze nicht zu bezahlen. Die laufenden Kosten können etwa so aussehen:

Nass- oder Trockenfutter: 320 bis 450 Euro
Impfungen: 50 bis 75 Euro
Vorsorgeuntersuchung: 75 bis 100 Euro
Katzenstreu: 120 bis 150 Euro
Spielzeug: 20 bis 30 Euro

Was ist das schon im Vergleich zu dem, was Ihnen eine Katze geben kann?

Wenn man sich mit der Katze einlässt, riskiert man lediglich, bereichert zu werden.
Colette

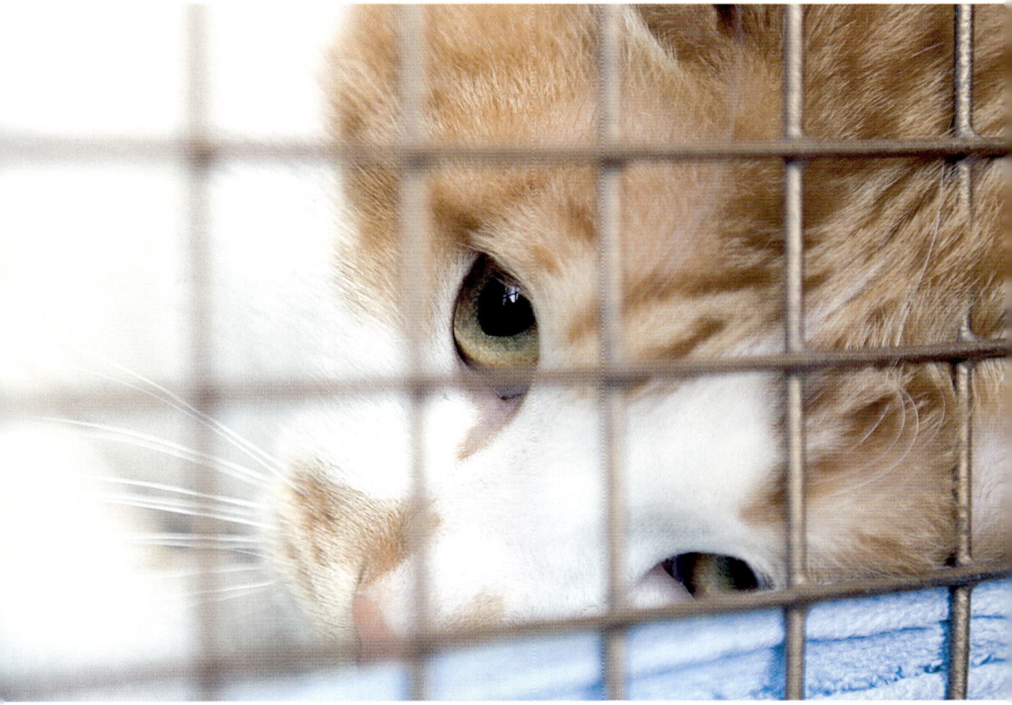

WIE STELLE ICH MEINER KATZE DIE NEUE VOR?

Wenn zwei Kätzchen im gleichen Alter, möglichst Geschwister, zusammen in den Haushalt einziehen, ist das ein guter Start. Keine Eifersucht, keine Territorialkämpfe. Schwieriger ist es, wenn Sie Ihrer erwachsenen Katze einen neuen Partner geben möchten.

Ein junges Kätzchen geht der älteren Katze womöglich zuerst einmal auf die Nerven, die ihr ordentlich Bescheid sagt. Und vielleicht hat die junge Katze, die immer wieder zum Spiel auffordert, dann doch eines Tages Erfolg und Mensch und Miez sind glücklich. Ein wenig Zeit und Geduld kann es aber kosten.

Entscheiden Sie sich, Ihrer Katze eine ruhige ältere zur Gesellschaft zu geben, kann es zu Rang- und Revierproblemen kommen. Ihre Katze könnte mit der anderen ständig um den Vorrang kämpfen oder sich resigniert zurückziehen, nicht einmal mehr von Ihnen streicheln lassen. Hier ein paar Tipps, die bei der Integration des neuen Familienmitglieds helfen können:

Die Neue sollte keinen fremden »Stallgeruch« mitbringen, um nicht schon dadurch Aggression und Ablehnung herauszufordern.

Reiben Sie sie deshalb mit Ihrer getragenen Wäsche ein. Lassen Sie sie vorher in einer Transportbox auf Ihrem alten Lieblingspullover schlafen.

Bringen Sie Ihre Neue zuerst für einen Tag in ein separates Zimmer, in dem Futter- und Wasserschüsseln und ihre eigene geruchsneutrale Katzentoilette auf sie warten. Widmen Sie sich in der Zeit besonders freundlich und ausgiebig Ihrer Hauskatze. Darf sie ins Schlafzimmer? Dann lassen Sie sie dort bei geschlossener Tür schlafen. In der Zwischenzeit kann die neue Katze auch noch das Wohnzimmer inspizieren und Verstecke entdecken. Wenn Sie glauben, der Zeitpunkt wäre richtig, lassen Sie die beiden zueinander und beobachten Sie die Begegnung – ohne einzugreifen. Und erwarten Sie nicht, dass es gleich Liebe auf den ersten Blick werden könnte.

SIND WEISSE KATZEN IMMER TAUB?

Schneeweiße Katzen mit strahlend blauen Augen sind ein zauberhafter Anblick. Von der Natur sind sie so allerdings nicht vorgesehen. Hier hat der Mensch durch entsprechende Selektion die natürliche Schöpfung überlistet und nach seinen Wünschen geschaffen Aber Amateurzüchtern gelingen ihre Schöpfungen oft nicht so gut. Und das bedeutet in diesem Fall, die weiße Schönheit mit ihren blauen Augen könnte unsere Bewunderungsrufe genießen, wenn sie – hören könnte. Leider sind diese schönen Geschöpfe manchmal taub.

Weiße Katzen mit verschiedenfarbigen Augen dagegen sind meist nur auf der Seite des blaufarbigen Auges taub. Sie können auf der andersfarbigen Seite hören, erkennen jedoch nicht, aus welcher Richtung man sie gerufen hat. Schon deshalb ist der einzig sichere Ort für eine solche Katze die Wohnung oder das Haus.

Durch Zuchtauswahl ist es zwar gelungen, das Äußere der Katze nach unseren ästhetischen Wünschen zu gestalten. Der Preis dafür ist oft große Empfindlichkeit, geringe Krankheitsresistenz, Geburtsschwäche. Durch selektive Inzucht über mehrere Generationen können auch Verhaltensveränderungen und geringe Intelligenz auftreten. Wenn Sie also eine solche Schönheit um sich haben möchten, sollten Sie bei einem anerkannten Züchter anfragen.

GIBT ES HEMINGWAY-KATZEN?

Katzen hatten immer Platz in Hemingways Leben. Sie durften sogar beim Essen auf dem Tisch herumspazieren, wo sie nicht selten aus einem Wasserglas mittranken. Auch heute noch werden Dutzende Katzen am Ort des Hemingway-Museums in Key West versorgt. Sie sollen Nachkommen von Hemingways Lieblingskater Snowball sein, der an jeder Pfote sechs Zehen hatte und dem Schriftsteller angeblich von einem Kapitän geschenkt wurde. Es heißt, viele dieser Katzen hätten die ungewöhnlichen sechs Zehen geerbt, weil man die sechszehigen, sogenannten polydaktilen Katzen bewusst nicht kastriert, damit sie sich weitervermehren. Normalerweise hat die Katze an den vorderen Pfoten vier Zehen und eine Hinter-, die sogenannte Daumenzehe und an den Hinterpfoten nur vier Zehen. Mehrzehige Katzen werden schon 1650 in der Umgebung von Boston erwähnt. Präsident Roosevelt hatte als erster amerikanischer Präsident eine Katze ins Weiße Haus mitgebracht, eine mehrzehige mit dem schönen Namen Slippers. Besonders bei Seeleuten waren sechszehige Katzen bliebt – als Glücksbringer, hervorragende Kletterer und erfolgreiche Ratten- und Mäusejäger.

WAS SIND WILDKATZEN?

Wildkatzen sind keine verwilderten Hauskatzen. Obwohl etliche Jäger ihren Abschuss damit rechtfertigen, sie seien mit (streunenden) Hauskatzen leicht zu verwechseln. Das ist allerdings ebenso schwer zu glauben, als wenn Jagdpächter behaupten, sie hätten versehentlich einen Wolf als streunenden Schäferhund abgeschossen. Wolf und Wildkatze sind in fast allen Ländern geschützt. Jäger verdächtigen sie jedoch oft als Konkurrenz, wenn es um jagdbares Wild geht. Der Wildkatze, die immerhin bis zu 120 cm lang und bis zu acht Kilogramm schwer werden kann, wird sogar nachgesagt, Hirschkälber zu reißen. Untersuchungen des Mageninhalts haben jedoch ergeben, dass Wildkatzen sich zu achtzig Prozent von Kleinsäugern wie Wühlmäusen ernähren und allenfalls in mageren Winterzeiten einmal Kaninchen oder ein schwaches Rehkitz erbeuten.

Was Wildkatzen von verwilderten Hauskatzen unterscheidet, ist ihr gedrungener Körperbau, die kürzeren kräftigen Beine, ein dichtes, längeres Fell und ein breiter buschiger Schwanz, der am Ende meist ein tiefdunkles Ringelmuster hat. Sie leben in lichten Laubwäldern und Waldrändern, die durch Hecken und Unterholz genügend Schutz bieten. Deshalb nennt man sie auch Waldkatzen. Die kleinen Gruppen von Wildkatzen, die in Deutschland noch existieren, sind eher erweiterte Familienverbände und stark bedroht durch Inzest und Krankheiten. Wohnsiedlungen, intensive Landwirtschaft und der Ausbau von Verkehrsnetzen haben ihren Lebensraum immer weiter eingeschränkt. Man vermutet, dass es in Deutschland noch etwa zweitausend Wildkatzen gibt. Sie sind mit neun oder elf Monaten geschlechtsreif und bringen nach ungefähr zwei Monaten drei bis vier Junge zur Welt. Wildkatzen und ihre Jungen sind ungeeignet für das Leben mit Menschen, weil sie sich nicht zähmen lassen.

Verwilderte Katzen sind meist von Menschen verstoßene Hauskatzen und deren Junge, die streunend ums Überleben kämpfen.

Sie verwahrlosen sehr schnell, weil sie nicht für das ungeschützte Leben im Freien bei jedem Wetter, von Parasiten, Krankheiten befallen und bei schlechter Ernährung von Abfällen gemacht sind. Egal in wie schlechtem körperlichen Zustand sie sind, tun Katze und Kater, wozu sie ihre Natur zwingt: Sie vermehren sich zweimal im Jahr und sorgen für weitere unglückliche, unterernährte, scheue, verängstigte Kätzchen.

Verwilderte Katzen werden von Haus- und Gartenbesitzern noch weniger gern gesehen als Nachbars wohlgenährte und gepflegte Katze. Die Streuner werden verjagt, vergiftet und totgeschlagen. Es wird geschätzt, dass zwei Millionen herrenlose Katzen durch Hinterhöfe, Garten- und Grünanlagen, Friedhöfe, Parkhäuser und Wohnanlagen auf Futtersuche sind. Sie sind stark unterernährt, von Infektionen durch Verletzungen und Parasiten gequält und auf jede Hilfe von mitleidigen Tierfreunden angewiesen. Allerdings ist allein das Füttern nicht der richtige Weg, denn erst wenn sie nicht mehr ständig Nachwuchs produzieren, kann sich die Lage der Streuner etwas verbessern. Deshalb werden sie in speziell vom Tierschutzverein und Tierheimen zur Verfügung gestellten Fallen gefangen, kastriert und gezeichnet, damit sie nicht nochmals eingefangen werden. Da die Tierheime meist mit Katzen überbelegt sind, kümmern sich Katzenfreunde auch anschließend darum, dass solche Tiere wieder an den Futterplätzen ausgesetzt werden, wo man sie eingefangen hat und wo sie weiter versorgt werden können. Solche Orte entstehen zuerst aus privater Initiative und nach Gesprächen mit den umliegenden Nachbarn, die ihre Erlaubnis dazu gegeben haben. Dort entstehen dann auch gelegentlich Winterquartiere als Schutz gegen Kälte, Frost und Nässe in gespendeten extraisolierten Hundehütten. Aber der private Einsatz für diese erbarmungswürdigen Kreaturen, die von verantwortungslosen Katzenbesitzern zu dem gemacht wurden, reicht bei weitem nicht aus.

WIE ALT KÖNNEN KATZEN WERDEN?

Eine Katze mit guten Erbanlagen, die noch dazu gut gepflegt worden ist, kann bis zu 20 Jahre alt werden. Dieses Alter erreicht meist nur eine beschützt lebende Hauskatze. Draußen ist das Leben gefährlicher und deshalb auch deutlich kürzer. Im Durchschnitt werden Katzen 13 bis 15 Jahre alt. Im Laufe der Jahre stellen sich Abnutzungserscheinungen, schlechtes Hören und Sehen ein. Die Beweglichkeit lässt nach, und die Jagd nach Mäusen wird weniger erfolgreich, weil der früher zielsichere Sprung häufiger danebengeht. Die Wahrscheinlichkeit, von degenerativen und anderen Krankheiten betroffen zu werden, steigt mit zunehmendem Lebensalter an.

Bei Hunden sagt man, ein Lebensjahr entspräche sieben Menschenlebensjahren. Damit wir uns vorstellen können, wie alt unsere Katze im Verhältnis zum Lebensalter von Menschen ist, hier ein Überblick:

5 Jahre – 40 Menschenjahre
10 Jahre – 60 Menschenjahre
13 Jahre – 72 Menschenjahre
18 Jahre – 92 Menschenjahre
20 Jahre – vergleichbar mit 100 Menschenjahren

Katzen, die älter als 20 Jahre werden, sind eine Ausnahme. In England, einer Nation von Katzenliebhabern, sind schon einige Katzen über 30 Jahre alt geworden. Zum Beispiel Spike, ein britischer Hauskater, der laut Guinness Buch der Rekorde, 31 Jahre alt wurde. Spike wurde für »next to nothing« auf einem Londoner Markt gekauft. Er hat den Überfall eines bösartigen Hundes überlebt, als Opa wollte er vor allem seine Ruhe haben, hat vor sich hingedöst oder gelegentlich versucht, Spinnen zu fangen. Spikes Besitzerin führt seine Langlebigkeit auf eine tägliche Dosis Aloe-Vera-Pflanzenextrakt zurück.

WAS TUN GEGEN KATZENALLERGIE?

Viele Katzenliebhaber verzichten auf das Zusammenleben mit einer Katze, oft ist der Grund dafür eine Katzenhaarallergie. Eigentlich ist diese Allergie weniger eine Empfindlichkeit gegen die Haare als vielmehr gegen die Substanz des Speichels, mit dem die Katze ihr Fell so gründlich und regelmäßig sauber hält.

Die Katze zu baden kann helfen, denn durch das Waschen wird der Speichel aus dem Fell gewaschen und der Mensch kann zumindest für eine Weile wieder durchatmen und seine Katze streicheln. Die Katzenhaarallergie kann sich sogar nach Jahren glücklicher Gemeinsamkeit entwickeln. Irgendwann stellt sich dann die Frage, welches Leiden größer ist: das der Katze, die mehrmals im Jahr die verhasste Prozedur des Bades über sich ergehen lassen muss, oder das des Menschen, der ihr das antun muss, um seine Allergie zu mildern. Die einzig andere Option für Mensch und Mieze wäre, ein neues liebevolles Heim zu suchen.

KÖNNEN KATZEN SCHWIMMEN?

Katzen machen auch im Regen ihre Revierrunde, nur Wolkenbruch und Dauerregen können sie daran hindern. Die Botschaften, die sie hinterlassen oder mitgeteilt bekommen, sind einfach zu wichtig. Leider ist ihr Fell kein guter Regenschutz und lässt das Wasser durch bis auf die Haut. Entsprechend intensiv und lange müssen sie sich hinterher putzen, um ihr Haarkleid wieder in Ordnung zu bringen. Freiwillig, wie beispielsweise Hunde es gerne tun, gehen sie nicht ins Wasser, von seltenen Ausnahmen, wie hier im Bild, abgesehen. Aber Katzen können durchaus schwimmen, wie viele andere Tiere auch, wenn es lebensnotwendig ist.

Bekannt als einzige europäische Katzenrasse, die Fische fängt und schwimmt, ist die Vankatze. Ihre Heimat ist die Türkei und dort die Region um den Vansee herum. Die Vankatze ist eine inzwischen selten gewordene alte Rasse mit seidigem Fell. Sie gehört zu den Halblanghaarkatzen. Sie ist hauptsächlich weiß bis auf eine Zeichnung, hat einen langen buschigen Schwanz und farbige Abzeichen zwischen den Ohren. Sie hat blaue oder auch zweifarbige Augen, zum Beispiel ein Auge blau, das andere bernsteinfarben, oder beide Augen sind bernsteinfarben, aber in verschiedenen Gelbtönen. Die Türkisch Van ist eine selbstbewusste, körperlich große Katze, sie spielt gern und gilt als sehr sozial.

WARUM SIND KATZEN SO GERÄUSCHEMPFINDLICH?

Weil ihre Ohren wie Schalltrichter funktionieren und sie Frequenzen empfangen können, die nicht für Menschen und nicht einmal für Hunde hörbar sind. Katzen hören sogar das zarte Fiepen aus einem Mäusenest in der Erde oder das Trippeln einer Maus. Deshalb reagieren Katzen auch so empfindlich auf alle lauten Töne. Vor lauten Stimmen, Musik, Handwerksgeräuschen, Instrumenten, einer Kreissäge, einem alten, nicht schallgedämpften Rasenmäher läuft sie buchstäblich davon und verkriecht sich möglichst weit weg von der Lärmquelle. Vor dem ausgelassenen Lärm einer Party sollten Sie sie gnädig in einem Zimmer mit geschlossener Tür bewahren. Auf Silvester-Knaller, Kanonenschläge, Raketen und schrille Pfeiftöne reagiert sie oft panisch. Denken Sie daran, wenn Sie Ihre Katze vor Angst und Schrecken und sich selbst vor der Suche nach Ihrer geflüchteten Katze bewahren möchten.

Es gibt aber auch einige ganz unerschrockene Exemplare: Mein Kater Melchior fährt am liebsten auf dem Staubsauger spazieren und lässt sich sogar absaugen. Taub ist er übrigens nicht! Andere Katzen erleben Silvester am Fenster und gucken Feuerwerk. Aber dann doch hinter der geschlossenen Scheibe. Es heißt, im Krieg hätte eine Katze sogar vor dem Anflug von feindlichen Bombern so frühzeitig gewarnt, dass sich die Menschen in die Bunker retten konnten.

WAS IST KATZENFERNSEHEN?

Es gibt Katzen, die locken nur handfeste Versprechen wie Futter und Spiele aus dem Körbchen. Andere sitzen den ganzen Tag vor dem Aquarium – Katzenfernsehen den ganzen Tag! Eher intellektuelle, am Weltgeschehen interessierte, haben das Fernsehen für sich entdeckt. Filme, in denen es gleichermaßen flattert, piepst und rennt, sind ein besonderer Genuss. Gebannt sitzt Kater Crazy im Sessel und folgt mit lebhaft spielenden Ohren und gelegentlichem Maunzen den Bewegungen in den Tierfilmen. Aber auch Fußballreportagen auf dem Feld, wo die Spieler wie fixe Mäuse hinter einem Bällchen herlaufen, sind beliebt. Da haut Katerchen schon mal mit der Pfote drauf und ist enttäuscht, wenn nichts hängen bleibt.

Aber das alles sind ja bloß Menschenprogramme, die Katz eben zur Not und aus Geselligkeit mit anschaut. In Amerika gibt es abwechselungsreiche Katzen-Videos, um den Schnurrern die Zeit zu vertreiben und sie geistig wachzuhalten.

SIND FREIE KATZEN GLÜCKLICHER?

Die Freiheit und Selbständigkeit aufgeben, weil ein regelmäßig voller Futternapf, ein warmer Schlafplatz im Bett und köstliches Kuscheln auf einem menschlichen Sitzplatz locken – ein echter Katzenkonflikt!

Wie aber sähe es aus, wenn Nero Corleone aus dem Buch von Elke Heidenreich nicht auf einem Bauernhof in der Toskana aufgewachsen wäre, sondern in einer Dreizimmerwohnung? Würde er vermissen, was er gar nicht kennt, die Freiheit, kommen und gehen zu können? Oder würde er seine Wohnung als sein Revier ansehen? Auch eine Wohnungskatze kann zufrieden sein, wenn sie von klein an nicht kennengelernt hat, was ein Leben in Freiheit bedeutet. Vielleicht vermisst sie soziale Kontakte mit ihresgleichen, aber diese Stelle nehmen die Familienmitglieder ein. Einen ganzen Tag Alleinsein nimmt sie gelegentlich einmal hin, besonders wenn sie älter und ruhiger geworden ist. Berufstätige, die erst abends nach Hause kommen, sollten ihrer Katze möglichst gleich einen samtpfotigen Freund mitgeben.

Ersatz für Katzenbedürfnisse in häuslicher Umgebung könnte außer einer Partnerkatze auch regelmäßiges Spielen und Abenteuer mit selbstgebastelten Versteckkartons oder anderem Spielzeug sein. Katzenfreunde, die ihrem schnurrenden Partner keinen Freigang bieten können, argumentieren, dass ein Leben als Wohnungskatze viel für sich hat, weil ihre Lieblinge nicht den Gefahren ausgesetzt sind, die freilaufenden Katzen zum Verhängnis werden können: von Autos überfahren, absichtlich oder anders vergiftet, mit Krankheiten infiziert, von Hunden, Fuchs, Marder, Eule gerissen, von Jägern erschossen, von Jugendlichen gequält, für Labors gekidnappt. Um die Katze in Haus oder Wohnung glücklich zu machen, muss man ihr ein abwechslungsreiches Leben bieten, und das ist die Aufgabe ihres Menschen.

FINDEN KATZEN NACH HAUSE ZURÜCK?

Oft sieht man die Steckbriefe der Geliebten – an Bäumen und Laternenpfählen:

»Vermisst: Unser Peterle, Tarzan, Berni oder Flocke ist seit ... nicht nach Hause gekommen ... Hinweise und Belohnung«. War es ein Unfall, eine Entführung gar? Ist Kater auf Wanderschaft gegangen? Gibt es eine Braut in der Nachbarschaft? Die Ungewissheit ist schrecklich. Man würde sogar hinnehmen, wenn man wüsste, dass das Goldstück sich ein neues Heim gesucht hat.

Aber kürzere Entfernungen sind kein Problem für die Katze, denn sie kann den bekannten Duftspuren, die sie selbst oder Nachbarskatzen gesetzt haben, folgen. Berechtigt ist allerdings die Sorge, wenn die Katze nach einem Umzug die Umgebung noch nicht kennt, wenn im Chaos die Wohnungstür offen stand. Hat sie dann überhaupt eine Chance, ins neue Heim zurückzufinden? Oder ist sie womöglich bereits wieder auf dem Weg ins alte Heim viele Kilometer entfernt?

In einem Experiment haben deutsche Zoologen Hauskatzen etwa fünf Kilometer von ihrem Heim in einem Labyrinth ausgesetzt und freigelassen. Die Katzen fanden zielsicher die richtige Richtung und kamen wieder zu Hause an. Zurück finden sie, nach bisherigen Erkenntnissen, weil sie eine Art magischen Wegweiser in sich haben, den die Wissenschaftler biologischen Kompass nennen. In verschiedenen Tests fanden sie heraus, dass die Berichte über Katzen, die Hunderte von Kilometern zurückgelegt hätten, um nach Hause zu kommen, keine bloße Erfindung sind. Restlos aufgeklärt ist dieses Phänomen bis heute nicht.

WIE HUND UND KATZ?

Wenn sie zusammen aufwachsen, gibt es keine Probleme. Sie lernen sich verstehen und wissen, was der andere meint. Auch wenn sie jung zusammenkommen, können sie Freunde werden oder sich tolerieren. Ist aber einer von beiden schon lange Jahre Alleinherrscher über Wohnung oder Haus und Menschen, dann kann es schwierig werden. Zusätzlich zu Eifersucht und Revieranspruch kommen dann noch Missverständnisse aufgrund ihrer Körpersprache: Wedelt der Hund mit dem Schwanz, dann bedeutet das: Erfreut, deine Bekanntschaft zu machen! Bewegt die Katze dagegen ihren Schwanz, signalisiert sie: Bin höchst gespannt, pass auf, dass du mir aus dem Weg gehst! Aber der Hund denkt, ach, wie schön, sie will mit mir spielen! Hunde machen Bekanntschaft miteinander und informieren sich, indem sie sich unter dem Schwanz beschnuppern. Katzen finden diese Art aufdringlich und viel zu intim, denn sie begrüßen sich Nase zu Nase, Gesicht zu Gesicht und wehren sich gegen die vermeintliche Hundedreistigkeit.

Ein Hund hebt die Pfote, wenn er verunsichert ist, ein devotes Zeichen aus Kinderzeit, oder wenn er spielen möchte oder bettelt. Hebt die Katze dagegen ihre Pfote, heißt das: Nimm dich in acht, gleich knallt's, keine Faxen, bis hierhin und nicht weiter. Woher soll der gutwillige Hund diese Katzenfremdsprache kennen?

Hat die Katze ihre ganz bestimmten Liegeplätze oder genießt Privilegien beim Begrüßen oder Fressen, dann wird sie dies dem Hund, der in die Familie kommt, sehr deutlich zu verstehen geben. Und wenn er nicht ganz fix lernt, was Katz nicht erlaubt, dann kann es richtig Ärger geben.

Katzen sind vielfach nicht die wehrlosen, ängstlichen Miezen, für die man sie hält. Eine kluge Katze bringt sich entweder rechtzeitig in Sicherheit oder sie stellt sich zum Überraschungsangriff. Und wenn eine Katze angreift, ist der Hund durchaus gefährdet, denn sie kennt instinktiv den strategischen Punkt, der ihren scheinbar

überlegenen Gegner außer Gefecht setzen kann: Sie fährt ihm mit ausgefahrenen Krallen ins Gesicht und zielt dabei auf seine Augen. Das sind schlimme Verletzungen, die manchen Hund schon ein Auge gekostet haben. Eher gefährdet sind allerdings junge, unerfahrene Katzen, die noch keine schlechten Erfahrungen gemacht haben und deshalb nicht schnell genug reagieren oder einfach ihren Feind noch nicht kennen. Es gibt aber auch Hunde, die Katzenbabys adoptieren. Leider sind jedoch Hunde, die von Menschen auf Katzen gehetzt oder von Jägern auf Katzen abgerichtet worden sind, weitaus häufiger.

WAS HAT DIE KATZE MEHR ALS WIR?

Die hochsensiblen unbehaarten Fußballen ihrer Pfoten und eine Nasenspitze, die mehr kann als riechen. Die Fußballen der Katze sind unbehaart und erkunden Form, Struktur und Umfang von Gegenständen. Leicht berührt sie einen Gegenstand mit der Pfote, dann drückt sie zart darauf, danach verstärkt sie den Druck, und zuletzt setzt sie ihre Nase zur weiteren Befragung ein. Die Nasenspitze verrät der Katze etwas über Wärme und Kälte eines Objekts, ihres Futters oder Beutetieres. Den siebten Sinn, den man den Katzen gern zuspricht, erklären Wissenschaftler gelegentlich damit, dass die Katze zusätzlich mit ihren Fußballen Schwingungen von leichten Vorbeben spürt, die von Menschen nicht wahrgenommen werden, und sich rechtzeitig aus Gebäuden in Sicherheit bringt. Es wird berichtet, dass sich Katzen und Hunde vor der Tsunami-Katastrophe in auffälliger Zahl rechtzeitig in die höher gelegenen Regionen gerettet hätten.

WARUM SIND SCHNURRHAARE ÜBERLEBENSWICHTIG?

Katzen haben ihre prächtigen Schnurrhaare nicht nur im Gesicht an Nase, Kinn und Augen, sondern sogar an den Vorderbeinen. An den Haarenden sind empfindliche Sensoren, die der Katze zusätzlich zu Augen und Ohren Informationen vermitteln. Die Schnurrhaare, nicht nur die Schnurr*bart*haare, dienen als zusätzliche Orientierungshilfe dem Tastsinn. Und das nicht nur im Stockfinstern, sondern auch bei Kletteraktionen und Balanceakten über Dächer und zehn Meter hohe Balkoneinfassungen. Forscher wollten wissen, wie unentbehrlich für Katzen diese zusätzlichen Fühler sind, und entfernten die Schnurrhaare. Ergebnis: Die Tiere waren unsicher, hilflos und verwirrt, sie verloren die Orientierung und das Gleichgewichtsgefühl. (Das hätte jeder aufmerksame Katzenfreund den Wissenschaftlern sagen können.)

Die Tasthaare sind äußerst bewegliche Antennen, die sich in verschiedenen Richtungen sträuben und aufstellen lassen. Sie sind wichtig als Abstandsmesser, um zum Beispiel die Distanz zwischen Türrahmen und angelehnter Tür zu messen. So vermeidet die Katze jede Art von Hindernis beim Balancieren auf einer Kommode, auf der Vasen, Bilderrahmen, Gläser, Flaschen und Meißner Figürchen dekoriert sind, oder auf einem gedeckten Mittagstisch. Bei der nächtlichen Jagd sind die zusätzlichen Fühler nötig, um den Tötungsbiss an der richtigen Stelle ihres Opfers anzubringen. Einer blinden Katze gelang es sogar, ihre Beute zu fangen. Beim Verzehr der Beute sagen ihr auch die Schnurrbarthaare, wo der Kopf des Beutetieres ist und wo sie mit ihrem Mahl anfangen soll.

HABEN KATZEN EINE SEELE?

Diese Frage gehört in die Grenzbereiche von Religion und Philosophie. Uns Menschen wird eine unsterbliche Seele zugesprochen, die den Tod überwindet, um bei Gott zu sein – vorausgesetzt, wir sind religiös. Weil aber Tiere nicht an Gott glauben, seinen Geboten nicht gehorchen, ihn nicht ehren, hätten sie keine Seele. Auch Philosophen sprechen den Tieren eine Seele ab, ja, sogar jegliches Gefühl wie beispielsweise der berühmte Philosoph Descartes, der Tiere »Automaten« nannte. Viel zu einfach machen es sich die Kirchen und die Philosophen mit der Verneinung von Gefühl und Seele bei Tieren. Man könnte glauben, dass dies mit der Absicht geschieht, die exzessive Ausnutzung und den Missbrauch von Tieren zu rechtfertigen. Als ob Tiere keine Schmerzen empfänden und nicht zu Gefühlen wie Trauer, Freude, Liebe fähig seien. Wenn ein Tier nicht an einen Gott glauben oder, wie manchmal auch argumentiert wird, »sich nicht entscheiden« kann, dann wäre auch der ungläubige Mensch seelenlos, mit dem Unterschied, dass man ihm Gefühl und Geist nicht abspricht.

Franz von Assisi sprach vom Bruder Tier, und Pfarrer Betzwieser aus München hat einmal die Frage nach der Seele im Tier auf seine geliebte Katze Minka bezogen so definiert: »Wenn man die Seele als Prinzip, als Ursache des Lebens, der Lebendigen bezeichnet, dann hat meine Minka eine Seele …«

Ob wir die Seelen unserer treuen und geliebten Tiere »hinter dem Regenbogen«, in der Hölle oder im Himmel, im All oder als Inkarnation wiederfinden werden, ist eine ganz persönliche Glaubensfrage, die uns den Abschied vielleicht erträglicher macht. Im Bewusstsein der beschränkten gemeinsamen Zeit wird man das Zusammenleben umso mehr schätzen.

HABEN KATZEN ÜBERSINNLICHE FÄHIGKEITEN?

Wenn man übersinnliche Fähigkeiten so versteht, dass ein bestimmtes Phänomen oder Verhalten nicht eindeutig zu erklären ist, dann könnte man Katzen übersinnliche Fähigkeiten zugestehen. Man sagt, dass Katzen zum Beispiel Naturkatastrophen »vorausahnen«. Sie zeigen uns das durch ungewöhnliche Unruhe bis hin zur Panik. Oft verstehen wir allerdings solche Zeichen nicht richtig. Besonders deutlich verändert sich ihr Verhalten vor einem Erdbeben. Immer wieder wird berichtet, wie die Hauskatze vor der Katastrophe durch die Räume gerannt war, nach einem Ausgang gesucht hatte und rausgelassen werden wollte. Auch Vulkanausbrüche oder verheerende Stürme konnten Katzen »vorausfühlen«.

Es gibt verschiede Erklärungen für diese Fähigkeit: Eine davon ist, dass Katzen besonders sensibel auf leichteste Vibrationen der Erdkruste reagieren, dass sie Veränderungen im Magnetfeld der Erde spüren und dass sie die statische Erhöhung von Elektrizität vor einem ungewöhnlichen Naturereignis auffangen.

Aber es muss noch etwas anderes sein, etwas, das in der Natur der Katzen liegt:

Rätselhaft ist die Fähigkeit eines zweijährigen Katers, der 2007 in einem Krankenhaus im Bundesstaat Rhode Island auf einer Station von Parkinson-, Alzheimer- und anderen Schwerkranken den Tod eines Patienten ankündigt. Etwa vier Stunden vor dem Tod des Patienten legt sich der Kater zu ihm. Seither werden die Angehörigen verständigt, wenn sich Kater Oskar wieder auf oder neben das Bett eines Kranken legt. Professor David Dosa, der über Oskar im New England Journal of Medicine berichtet hat, sagt über ihn: »Er macht nicht all zu viele Fehler. Er scheint zu wissen, wann Menschen im Sterben liegen.«

WOVOR FÜRCHTEN SICH KATZEN?

Vor einem Menschen, der sie irgendwann einmal physisch bestraft hat – wenn auch nur ein einziges Mal. Und vor Menschen, die beim Streiten laut schreien oder die Katze anschreien, wenn sie gerade etwas Unerwünschtes tut.

Die meisten Katzen haben vor fremden Kindern Angst, weil die sich oft unkontrolliert bewegen, in hohen Tönen kreischen und nach ihnen greifen. Auch vor fremden Erwachsenen, die plötzliche und heftige Bewegungen machen.

Manche Katzen bekommen Angst, wenn Menschen sie eng an sich drücken oder wenn sie, wie beim Tierarzt, mit starkem Griff festgehalten werden. Eingesperrt sein ist ihnen ein Albtraum.

Sie fürchten sich oft in einem neuen Revier vor den kampferprobten Altkatern, die sie zur Geruchskontrolle oder zum Kräftemessen zwingen wollen, weil sie die Rangordnung des Neuen bestimmen wollen.

Literarische Katzengeschichten

Gerhild Tieger (Hg.)

edition tiege

SIND KATZEN MUSEN?

Erich Kästner lebte mit vier Katzen zusammen. Wie sich die Schnurrer gegenüber Schriftstellern verhalten, beschreibt er so: »Sie kommen, wenn wir schreiben, überhaupt gern in unsere Nähe. Das Thema ist ihnen gleichgültig. … Es tut ihnen wohl, wenn andere Leute arbeiten. Dann genießen sie ihr eigenes Nichtstun doppelt und dreifach. Vielleicht ist auch Mitleid mit im Spiele. ›Da rackert er sich nun ab, damit er für uns frisches Schabefleisch kaufen kann!‹«

Schriftstellern und andere Kreativen, die in ihrer aktiven Phase unter höchster Anspannung ein Werk schaffen, ist ihre Katze eine selbständige zärtliche Begleiterin und gleichzeitig die Verbindung zur zeitweilig ausgeschlossenen Außenwelt. Wie eng das Verhältnis zwischen Künstler und Katze beim Schreiben sein kann, demonstriert Wolfgang Hohlbeins weiß-rote Devon-Rex-Katze Sammy, die sich gern auf seinem 23-Zoll-Tablet-Monitor wärmt. Die Meisterin des psychologischen Kriminalromans, Patricia Highsmith, meinte: »Zusammen mit einer Katze ist ein Schriftsteller weniger allein, doch allein genug, um zu arbeiten. Schriftsteller sind Leute, deren geistige Beweglichkeit oder Verstörtheit sie mehr oder weniger dazu prädestiniert, Katzen als Gefährten zu halten.«

Schriftstellerkatzen werden auch als Romanfiguren verewigt, wie Kater Francis als Ermittler in dem Bestseller *Felidae* von Akif Pirinçci oder die beiden Siamkatzen Koko und YumYum, die zusammen mit ihrem Herrchen manchen Kriminalfall in den Romanen von Lilian Jackson Braun gelöst haben. Die Krimiautorin Rita Mae Brown erklärte einmal in einem Interview, warum sie die Tigerkatze Mrs. Murphy in ihren Romanen auftreten lässt: »Aus der Katzenperspektive kann ich unbefangener das Irrationale im Menschen zeigen.« (Aus: *Musen auf vier Pfoten: Katzen und ihre Schriftsteller* von Jürgen Christen)

Links das Cover von *Literarische Katzengeschichten,* eine Anthologie liebenswerter Katzenstorys.

KÖNNEN KATZEN HEILEN?

Katzen streicheln macht glücklich. Nicht nur die Katze, sondern auch den, der sie streichelt. Das ist wissenschaftlich bewiesen: Katzen sind Balsam für die Seele – vorausgesetzt, dass sich der richtige Mensch mit der richtigen Katze zusammentut.

Lehrer berichten von der Fürsorge ihrer Schüler bei der Betreuung einer adoptierten Katze. Die Kinder, die vorher nicht fähig waren, sich zu konzentrieren, und keine Aufgaben oder Verantwortung übernehmen wollte, waren bereit, sich für ein Lebewesen einzusetzen. Katzen sind aber auch einsamen und älteren Menschen wunderbare Gefährten, die durch ihre Gelassenheit und sensible Zuwendung auch trauernde und isolierte Menschen trösten. Denn Katzen reden und zeigen ihre Wünsche und Bedürfnisse wie Kuscheln, Füttern und Spielen eindeutig.

Übrigens: Auch Papst Benedikt XVI. ist ein Katzenfreund. Als er im Juli 2008 nach der längsten Flugreise, die er je absolviert hat, zum Weltjugendtag in der Hauptstadt Australiens eintraf, hatten die aufmerksamen Gastgeber nicht nur ein Klavier für Papa Katzinger bereitgestellt, es erwartete ihn auch ein elfmonatiges getigertes Kätzchen.

WAS TUN KATZEN IM GEFÄNGNIS?

Katzen kennen keine Schuld, Katzen verurteilen nicht. »Sie rühren den Strafgefangenen durch ihre Empfindsamkeit. Und sie lehren ihn, Eigenverantwortung zu übernehmen«, sagt Professor Turner.

Auch verhaltensgestörte, verschlossene, zurückgezogene Kinder, die lange Zeit nicht mehr an ihrer Umwelt teilgenommen haben, gewinnen im Umgang mit einer Katze wieder Interesse. Ärzte, Psychiater und Therapeuten haben erkannt, dass eine Katze allein durch ihre Gegenwart auch solchen Patienten helfen kann, bei denen die konventionelle Medizin keine Chance mehr sieht.

In den USA, in Kanada, Australien und der Schweiz wird deshalb Katzen im Strafvollzug bereits eine wichtige Aufgabe übertragen: Sie helfen den Verurteilten, die oftmals lange Haftstrafen vor sich haben, nicht abzustumpfen, ihr Selbstwertgefühl zu behalten und Verantwortung für ein Lebewesen zu übernehmen. Das ist besonders wichtig für die Zeit nach der Verbüßung ihrer Strafe, wenn die Verurteilten wieder in die Freiheit entlassen werden. Die Bindung, die der Gefangene bis dahin zu seiner Katze aufgebaut hat, hilft ihm, mit den ungewohnten alltäglichen Aufgaben und häufig auch der Isolierung zurechtzukommen. Denn die Gefängniskatzen dürfen »ihren« Menschen mit in die Außenwelt begleiten.

KÖNNEN KATZEN UNS ETWAS FLÜSTERN?

Manchmal hilft alles Reden mit der eigenen Katze nichts. Sie erfahren nicht, was ihr fehlt, was sie braucht, warum sie sich seltsam verhält. Der Tierarzt hat auch nichts gefunden, und nun hören Sie, dass es Menschen gibt, die versichern, mit Tieren direkt kommunizieren zu können. Manche dieser übersinnlich Begabten behaupten sogar, sie könnten per Foto mit einem Tier Kontakt aufnehmen. Anschließend erfahren Sie dann, was Sie falsch gemacht oder versäumt haben. Mit welchen Miaus Ihre Katze dem Tierkommunikator etwas geflüstert hat, das grenzt schon fast an Wunder.

Zum Beispiel erzählt Mieze dem Tierkommunikator, sie wünsche sich das alte blaue Kissen wieder, das Sie wohlmeinend durch ein rotkariertes ersetzt haben. Oder mehr Spielzeit mit Ihnen und keinen neuen Freund an Ihrer Seite, dafür aber eine Wohnung mit Garten, na ja, was sich Katzen eben so ausdenken.

WIE MACHT MAN EINE KATZE GLÜCKLICH?

Was braucht die Katze, um glücklich zu sein? Gehen wir vom Katzenparadies auf Erden aus, dann gibt es nur zehn Voraussetzungen:

1. Menschen, die akzeptieren, dass sie wirklich kein Hund ist;

2. die tolerieren, dass sie selbständig entscheidet, wann sie kommt und geht;

3. die darauf warten können, wann *sie* schmusen möchte;

4. die ein regelmäßiges Leben führen;

5. die Spielzeiten und Mahlzeiten einhalten;

6. die mit ihr sprechen, aber auch zuhören können;

7. die gerne ihr Bett mit ihr teilen;

8. die in stabilen (Partner-)Verhältnissen leben;

9. die bereit sind, penibel die sanitäre Entsorgung zu übernehmen;

10. die Kratzer und Liebesbisse nicht übel nehmen.

WIE VERMEIDEN SIE UNERWÜNSCHTEN HERRENBESUCH?

Sicher nicht dadurch, dass Sie für Ihren Liebling eine Katzenklappe einbauen. Sie ersparen sich durch eine solche Klappe zwar eine quengelnde Katze, für die Sie Portier spielen müssen. Aber die meisten Katzenklappen funktionieren nach beiden Seiten. Ich erwähne das nur, falls Sie eine attraktive Kätzin in Liebesnöten im Haus haben. Freunde erlebten eine Überraschung, als sie nach Hause kamen und in ihrem Keller sechs erregte Kater um ihre Katze geschart fanden. Der Geruch der Markierungen an Wänden und Regalen war etwas für die Ewigkeit.

Ist Ihre Katze kastriert, brauchen Sie sich keine Sorgen mehr darüber zu machen, wie Sie zweimal im Jahr für vielleicht fünf Katzenbabys pro Wurf liebevolle Menschen finden. Katzenfreunde meinen übrigens, dass eine kastrierte Katze anschmiegsamer und ausgeglichener sei, und die Katzenklappe reizt die Nachbarkater nicht mehr zu einem Hausbesuch. Und dicke Hunde passen auch nicht durch.

WANN MÜSSEN KATZEN GEBADET WERDEN?

Nichts sieht mehr zum Erbarmen aus als eine nasse Katze. Aber manchmal ist im Interesse des Zusammenlebens ein richtiges Bad für die Katze Medizin gegen Hautkrankheiten, schlimme Verschmutzung und Parasiten. Bereiten Sie sich am besten so vor:

Schließen Sie Tür und Fenster, so dass der Raum zugfrei ist und es keine Jagd durchs ganze Haus hinter einer triefend nassen Katze gibt. Das Badezimmer sollte warm sein. Idealerweise lassen Sie sich von einem mutigen, sanften Assistenten helfen. Tragen Sie lange Ärmel und stabile Gummihandschuhe. Danach sollte ein gut geheiztes Zimmer mit einem kuscheligen frischen Körbchen bereit sein.

Haben Sie Katzen- oder Babyshampoo und angewärmte Handtücher? Füllen Sie eine Babywanne mit Gummieinlage mit 35 Grad warmem Wasser etwa 10 cm hoch. Sprechen Sie beruhigend mit ihrer Katze und fassen Sie sie an der Nackenfalte, wie es die Mutterkatze mit ihren Kleinen tut. Halten Sie ihre Vorderpfoten mit einer Hand. Stützen Sie sie gleichzeitig am Rückenende mit der anderen Hand, wenn Sie sie ins Wasser gleiten lassen. Nun wird mit weichem, warmen Brausestrahl geduscht (ohne das Gesicht) und mit Shampoo eingeschäumt. Anschließend gut ausspülen, ohne dass Wasser in Nase, Mund, Ohren und Augen kommt. Streifen sie das Wasser aus dem Fell, heben Sie sie vorsichtig aus dem Bad auf das warme Handtuch und hüllen Sie sie mit dem anderen angewärmten Tuch ein. Trocknen Sie sie sanft in Fellrichtung ab. Bei einer Langhaarkatze kämmen Sie jetzt die Haare und waschen Sie noch das Gesicht mit einem sauberen weichen Tuch, aber ohne Shampoo. Verzichten Sie bei den ersten Malen auf einen Fön, das wäre zusätzlicher Stress. Vermeiden Sie alles, wodurch sich Ihre Katze erkälten könnte. Und halten Sie sie je nach Jahreszeit nach dem Baden zwei Tage oder länger im Haus.

WIE HÄLT MAN EINE HAUSKATZE SAUBER?

Das ist eine der wichtigsten Fragen im Zusammenleben mit den samtpfotigen Haustigern. Der Geruch ihrer Ausscheidungen kann empfindlich stören. Deshalb sollte die Katzentoilette immer picobello sauber, das heißt die Streu frisch, das Kästchen schön geputzt sein. Nicht ganz einfach, denn scharfe desinfizierende Reinigungsmittel können Katze das Benutzen vergraulen, und dann sucht sie sich ein anderes Plätzchen für ihre Notdurft… Die Katzentoilette sollte möglichst nicht neben der rumpelnden Waschmaschine, sondern an einem ruhigen Platz stehen. Empfindlich sind die Feinen auch, was die Streu angeht. Es kann sein, dass mehrere Sorten keine Gnade finden, bis die richtige angenommen wird. Biostreu, die mit dem Biomüll entsorgt werden kann, schneidet bei Warentests immer besonders gut ab.

Manche Katzen gehen bescheiden und artig auf ein mit Zeitungspapier ausgeschlagenes Sandkästchen, in dem sie ihr Geschäft behutsam verscharren. Andere benutzen gern eine kleine Plastikwanne, ohne die Streu im Umkreis zu verteilen. Aber es gibt Sorgenkinder, die zwanghaft heftig kratzen und scharren. Für sie muss man eine Toilette mit höherem Rand finden oder ein diskretes überdachtes Kästchen, das auch den Geruch etwas zurückhält.

Die Höhe der Streu sollte 5 bis 10 cm hoch sein, täglich sollten benutzte Stellen mit einem gelöcherten Schäufelchen herausgehoben und ein wenig saubere Streu darüber verteilt werden. Mindestens jede Woche leeren Sie die Katzentoilette und waschen die Wanne heiß aus. So liefern sie auch einer pingeligen Katze keinen Vorwand dafür, sich eine Lieblingsecke irgendwo in Ihrer Wohnung als Toilette auszusuchen.

WIE VIEL FREIRAUM BRAUCHT DIE KATZE?

Ein agiler Kater beansprucht ein etwa zehnmal so großes Areal für sich wie eine Kätzin. Unsere Haus- und Wohnungskatzen sind inzwischen so tolerant geworden, dass sie es sogar mit uns, den Ober-Riesen-Katzen, in ihrem Revier aushalten. Und dafür eine bemerkenswert geringe Distanz beanspruchen, ohne darunter zu leiden oder sich unwohl zu fühlen. Dafür verwöhnen wir sie auch und versuchen sie zu entschädigen.

Abhängig vom Alter und ob es kastrierte Tiere sind, geben sich Katzen mit den natürlichen Grenzen, in denen sie leben, zufrieden: den eingezäunten Obstgärten, den von Mauern umgebenen Stadtgärten und sogar den Lagerhallen und -höfen, wo sie als Mäuse- und Rattenfänger »angestellt« sind. Wenn sie dennoch wandern, richten sie sich nach den ungeschriebenen Gesetzen der Katzengesellschaft: Wer nicht provozieren will, weicht aus, indem er Blickkontakt vermeidet – so viel haben wir heute bereits von ihnen gelernt.

WAS TREIBT MEINE KATZE DEN GANZEN TAG?

Wahrscheinlich interessiert das jeden Katzenfreund irgendwann. Besonders dann, wenn er sich Sorgen um seinen Liebling macht und keine »Katzen-Überwachungskamera« von Jürgen Perthold besitzt. Dessen Kater Mr. Lee hatte ihm so einige Rätsel aufgegeben, woraufhin er eine Umhängekamera von 70 Gramm Gewicht (mit Batterie) entwickelte, die alle Wege und Begegnungen seines Katers filmt. Sie kann 48 Stunden lang etwa jede Minute ein Bild aufnehmen. Die Aufnahmen stehen inzwischen im Netz: www.mr-lee-catcam.de. Man sieht Mr. Lee unter einer Hecke Markierungen lesen, wie er sich unter Autos versteckt und fremde Katzen (wie hier im Bild) filmt. Mittlerweile haben viele andere Katzenangehörige eine solche Videokamera erworben, um ihren Katzen auf die Schliche zu kommen und die Fernsehbilder zu enträtseln.

LIEBEN SIE KATZENMUSIK?

Diese Musik empfinden unsere unverständigen Ohren eher als atonal und wenig entspannend. Besonders dann, wenn wir zu später Stunde von der hingebungsvoll gesungenen kleinen Nachtmusik aus dem Schlaf geholt werden. Meist ist es der Minnegesang mehrerer Kater, die das Haus der rolligen Katzenschönheit belagern.

Zweistimmige auf- und abschwellende Gesänge hören wir, während sich zwei Katzen stundenlang bei territorialen Unstimmigkeiten belauern, bis sie sich für Kampf oder Rückzug entscheiden. Es soll herzlose Menschen geben, die Nachtmusik und Taggesänge brutal durch eine kalte Dusche beenden. Aber auch das gehört zum Katzenleben, schließlich kann man nicht erwarten, dass katzenlose Mitmenschen genügend Verständnis für diese Art Konzerte haben.

WAS TUN GEGEN DAS MARKIEREN?

Immer sind es die Kater, die sich unbeliebt machen: Ihre Duftmarken sind für Menschennasen kaum zu ertragen. Die Katzengemeinde dagegen wird durch solche »Duftmarken« ständig mit Neuigkeiten versorgt: Fremde im Revier, männlich, kastriert oder intakt, weiblich kastriert oder intakt und: Carlo war hier um zehn nach vier. Durch solche Informationen angeregt, hinterlassen nun die anderen ihre Nachrichten am gleichen Platz. Sie spritzen ihren Urin, dem sie, wenn es sich um intakte Kater handelt, gleichzeitig aus der Analdrüse jenen starken Duftstoff beimischen, den wir als penetrant empfinden. Beliebte Orte sind Wände, Büsche und Bäume.

Im Zusammenleben in Wohnung oder Haus ist ein unkastrierter Kater kaum auszuhalten, denn er behält sein natürliches Markierungsverhalten, und seine Menschen müssen sich sehr bald entscheiden, was dagegen zu tun ist. Je jünger der Kater ist, wenn er kastriert wird, am besten vor der Geschlechtsreife, umso größer die Chancen, dass er das Harnmarkieren lässt. Bei einer Sterilisation werden lediglich die Samenstränge beim Kater oder bei der Katze die Eierstöcke abgebunden oder unterbrochen. Dadurch ändert sich jedoch das natürliche Triebverhalten und das Markieren nicht.

Weniger bekannt ist, dass auch weibliche Katzen sich wie Kater verewigen. Ihr Duftstoff ist schwächer und, nachdem sie kastriert wurden, für uns kaum noch wahrnehmbar. Kastrierte Katzen sind häuslicher, anhänglicher und weniger aggressiv gegen ihresgleichen. Und die Tierarztkosten für zerrissene Ohren, tiefe Kratzer und Bisse werden geringer. Katzenmädchen bewahrt die frühe Kastration zwei- bis dreimal im Jahr vor Stimmungsschwankungen während der Rolligkeit, vor Unruhe und Jammern nach einem Liebhaber – und ihre Menschen vor immer wieder neuen Katzenbabys.

SIND KATZEN MONOGAM?

Sagen wir es so: Selten sind sie das, aber es kann vorkommen. Wenn die beiden sich schon von mehreren Paarungen her kennen oder wenn der Kater seine Geliebte während der vier bis sechs Tage Paarungszeit nicht aus den Augen lässt, das heißt, wenn er alle Konkurrenten verjagt hat und es sonst keine weitere liebestolle Kätzin in der Nachbarschaft gibt, die ihn ebenso charmant verführt. Aber eigentlich treiben es Kätzin und Kater gleichermaßen eifrig mit mehreren verschiedenen Partnern und mehrfach hintereinander. Es gibt sogar eine wissenschaftliche Erklärung dafür: Begattungen mit verschiedenen Katern erhöhen die Genvielfalt im Wurf der Kätzin, und dies schützt vielleicht die Jungen davor, von einem der verschiedenen Väter als Nachkommen eines Konkurrenten getötet zu werden. Sexuell sind Katzen also nicht monogam. Trotzdem kann eine Kätzin ihren Kastratenkumpel monogam lieben, denn Sympathie und Vorlieben gibt es durchaus.

Als ein rechter Don Juan bestand er bei Tag und Nacht die bedenklichsten Abenteuer, und wenn er sich zur Seltenheit einmal im Hause sehen ließ, so erschien er mit einem so verwegenen, burschikosen, ja liederlichen und zersausten Aussehen, dass die stille Person, seine Gebieterin, fast unwillig ausrief: »Aber Spiegel! Schämst du dich denn nicht, ein solches Leben zu führen?«

Gottfried Keller

WAS BEDEUTET FÜR KATZEN ERFOLG?

Erfolg ist toll und macht attraktiv! Oh ja, auch bei Katzen. Nie hält Kater Erwin den Kopf so hoch, wie wenn er mit einer Riesenmaus in die Küche gestiefelt kommt. Und sich lässig ausstreckt und die Maus großzügig hinwirft. Wie die anderen gucken! Oder einen Hund mit Buckel, gesträubtem Fell und bösem Fauchen beeindrucken. Ja, das ist Erfolg!

Auch wenn es um die Liebe geht oder darum, ob Minka ihren Menschen dazu bringen kann, genau das zu tun, was sie sich gerade wünscht: Tür aufmachen, weil sie hinaus will, Tür zumachen, weil sie es sich anders überlegt hat, Tür wieder aufmachen … Oder ans Füttern erinnern, den Schoß für eine Runde Schlaf freimachen, die Arbeit unterbrechen, indem man sich einfach vor den Monitor stellt, eine Spielrunde im Bett. Solche Sachen! Das ist Erfolg und macht das Katzenleben erst richtig schön!

MÜSSEN KATZEN TÖTEN?

Sie sind, was wir an ihnen lieben – ursprünglich, ungezähmt und unberechenbar. Anders als Hunde haben sich Katzen dem Menschen nicht völlig unterworfen und angepasst. Sie lassen sich ihre Beute nicht auf Befehl abnehmen und verhalten sich auf der Jagd wie kleine Raubtiere.

Anschleichen, Lauern und mit einem Sprung Zupacken liegt ihnen ebenso im Blut wie das, was sie anschließend mit ihrer bedauernswerten Beute tun. Wenn Katzen nicht mit einem gezielten Biss töten, dann erleben wir ein »Katz- und Maus-Spiel«, wie es als Metapher in unseren Sprachgebrauch eingegangen ist. Die Katze hält ihre Beute fest, das Opfer verfällt in eine Art Schreckstarre und bewegt sich nicht mehr. Eine gut gefütterte, satte Katze verliert nach dem Erfolgserlebnis zunächst das Interesse, sie lässt das Tierchen los. Das Opfer erholt sich und will fliehen. Es sammelt seine Kräfte und will fortfliegen oder wegrennen. Die Katze gibt Vogel oder Maus einen Vorsprung, springt hinzu und fängt die Beute erneut. Das kann sich etliche Male wiederholen. Manchmal geht es beim Katz- und Maus-Spiel auch wilder zu: Die starre Beute wird mit den Pfoten angestupst, zwischen den Beinen hin- und hergerollt, leicht gebissen, und die Katze wird in einer Art Jagdrausch immer wilder und gröber, bis sie zuletzt das gefangene Tier tötet. Das ist die Natur der Katze, ihr natürliches Wesen, das wir akzeptieren müssen, so wie wir die schnurrende Schmusekatze lieben.

WELCHE TIERFREUNDE HABEN KATZEN?

Ja, es gibt sie, die ganz besonderen Freundschaften unter Tieren. Sie widersprechen den Naturgesetzen und geschehen dennoch. Sie erinnern uns an paradiesische Zustände, in denen das Lamm ohne Angst neben dem Löwen liegt. Es gibt lebenslange Freundschaften über die Artengrenzen hinweg. In Katzenhaushalten haben sich Hunde, Mäuse, Ratten, Vögel mit der Katze angefreundet. Ein 18-jähriger Haflingerwallach fühlt sich zu den Stallkatzen Lisa und Holly hingezogen. Sie schmusen miteinander und legen sich ganz unbekümmert unter ihren Freund, während der frisst. Sanft stupst er sie weg, wenn sie ihm im Weg sind, und hat sie noch nie versehentlich getreten. Pferde und Katzen haben keine Verständigungsprobleme: Beide schlagen mit dem Schwanz, wenn sie gereizt und unruhig sind, sie legen die Ohren an und machen sich größer, um Angreifer oder Rivalen zu imponieren, und sie sind äußerst einfühlsam und sensibel. Die Freundschaft zwischen der Hauskatze Chiquita und dem flugunfähigen Papagei Pitico hat auch einen praktischen Grund: Der Papagei dient der Katze als Lockvogel beim Vogelfang. Ansonsten schläft, spielt und kuschelt sie mit ihm auf dem Sofa.

Natürlich darf die alte Kragenbärin mit dem Namen Mäuschen im Berliner Zoo nicht fehlen. Mit ihren 400 Kilogramm Gewicht ist sie so beeindruckend wie furchterregend. Aber für Muschi war das Freundschaftsangebot, das sie der Bärin machte, doch etwas riskant, schließlich hätte die Bärin das Katzenleichtgewicht von vier Kilogramm sofort erledigen können. Mäuschenbär ist heute 40 Jahre alt und lebt seit acht Jahren mit Muschi in einem extra Revier zusammen. Seit dem Tag nämlich, als Muschi plötzlich auf dem Bärenfelsen erschien und nicht mehr von ihrer Seite wich. Muschi schläft sicher zwischen den Pranken ihrer bärenstarken Freundin.

KÖNNEN KATZEN TRAUERN?

Nicht alle Katzen trauern um einen verstorbenen vierpfotigen Partner, der im selben Haushalt gelebt hat, weil sie dadurch in der Hierarchie aufsteigen. Es gibt aber auch Berichte von Katzen, die wie Menschen depressiv und untröstlich sind. Besonders dann, wenn beide lange in einer Familie zusammenlebten und sich eine tiefe Freundschaft entwickelt hatte. Manche Katzen kehren immer wieder zu einem Platz zurück, an dem ihr Partner gestorben war.

Wenn ein geliebter Mensch gestorben ist, kann sich die Katze so verlassen und traurig fühlen, dass sie nicht mehr fressen mag, sich zurückzieht und nicht mehr stubenrein ist. Sie kann anfangen, sich ständig zu lecken oder sich die Haare auszureißen. Bevor Ihre Katze abmagert, versuchen Sie sie mit ihren Lieblingshäppchen wieder zum Fressen zu bringen: Vielleicht mit etwas gebratenem Hühnchen, geräuchertem Fisch, nicht zu scharf gewürzter Leberwurst? Auch Katzenminze, Rescue-Tropfen aus der Bachblüten-Therapie oder Bierhefeflocken für Katzen können dem Futter beigemischt werden.

Ihren vertrauten Menschen zu verlieren, ist für die Katze ein großer Schock, zumal dann, wenn sie dadurch auch ihr Zuhause verliert. Aus diesem Tief kann man sie nur durch liebevolle Aufmerksamkeit und Ablenkung holen. Versuche, eine neue Katze als Ersatz für die verstorbene in die Familie aufzunehmen, haben oft das Gegenteil bewirkt: Die Katze fühlt sich nun auch noch verdrängt und zieht sich noch mehr zurück. Lassen Sie sie trauern und kümmern Sie sich mehr als sonst um sie, animieren Sie sie zum Spielen. Das wird sie ablenken und ihr helfen.

IST SCHNURREN KATZENSPRACHE?

Das rätselhafte Schnurren ihrer Katze fasziniert ihre Liebhaber immer wieder und hat auch die Wissenschaft beschäftigt. Das für uns so beruhigende gleichmäßige Schnurren entsteht durch Schwingungen, die über die mit Luft gefüllten Bronchien im Brustkorb und durch den Kehlkopf verstärkt werden. Man kann es nicht nur hören, sondern auch fühlen, denn beim Schnurren vibriert der ganze Körper, zum Beispiel beim Streicheln. Das gleichmäßige Schnurren beherrschen übrigens nur Kleinkatzen, Großkatzen können das nicht. Dafür können sie aber brüllen.

Katzenbabys schnurren schon, bevor sie die Augen öffnen. Beim ersten Schluck Muttermilch sagen sie Mama damit: Mir geht's gut, ich fühl mich wohl.

Schnurren ist Katzenprivileg, geschnurrt wird bei der Begrüßung, auf dem Schoß, beim Streicheln und allein auf ihrem Kuschelplatz, wo sie sich in den Schlaf schnurren.

Dass Katzen sogar schnurren, wenn sie verletzt sind und Schmerzen haben, ist weniger bekannt. Ebenso wenig dass sie, wie Katzenfreunde beobachtet haben, auch dann noch schnurren, wenn sie im Sterben liegen. Schnurrend, heißt es, verlassen sie diese Welt.

WIE SIEHT EIN ATTRAKTIVES KATZENBETTCHEN AUS?

Fragen Sie am besten Ihre Katze. Die zeigt ihnen nämlich, wo sie am liebsten liegt. Bis Sie eine Antwort durch das Vergleichen von Lieblingsplätzen gefunden haben, bieten Sie ihr einfach an, was Sie sich selbst wünschen würden und was dabei noch praktisch, das heißt leicht zu waschen ist. Ein selbstgebasteltes Katzenschlafzimmer aus kräftigem Karton zum Beispiel. Es sollte groß genug sein, damit sich die Katze darin der Länge nach ausstrecken kann. Als Erstes kommen ein paar Lagen Zeitungspapier zur Bodenisolierung, dann eine weiche Decke, die so eingeschlagen ist, dass sie auch ein Stück an den Wänden hochragt, darin wiederum ein Stück Biberbettlaken (leicht auszuwechseln und zu waschen). Und zuletzt, damit wir auch im Traum unserer Katze erscheinen, ein getragenes Kleidungsstück. Wenn dann der Karton oben auch noch zur Hälfte geschlossen ist und sich als Terrasse benutzen lässt – wohlgemerkt ebenfalls mit einem weichen Deckchen versehen, dann ist das Katzenhausprovisorium perfekt.

Den Standort entscheiden Sie nach folgenden Fragen: Wo ist es sonnig, warm und interessant? Wo ist man aus dem Weg und doch mittendrin? Wo gibt's am wenigsten Zugluft? Und wo ist man seinem Menschen am nahesten? Wo hat man einen guten Überblick über möglichst viel Zimmerlandschaft? Wenn Sie sich ein bisschen vertan haben bei der Platzierung Ihres Katzenzimmers, die Begeisterung nicht so vollkommen scheint, trösten Sie sich – Katzen haben nicht nur einen Schlafplatz – sie besetzen ihr Territorium nach strategischen Gesichtspunkten und natürlich nach dem Luxus, den Sie bieten. Miezes Lieblingsplätzchen ist ohnehin Ihr Bett, früher oder später werden Sie doch kapitulieren.

WEN SIEHT DIE KATZ IM SPIEGEL?

Nicht jede Katze reagiert auf ihr Bild im Spiegel, einer Fensterscheibe oder im Wasser – manche ignoriert den überraschenden Zauber und geht einfach davon. Aber die meisten zeigen Interesse an ihrem Spiegelbild. Ob sie sich selbst darin erkennen, ist allerdings fraglich, denn Wissenschaftler sind der Meinung, dass den Katzen, im Gegensatz zu Orang-Utan, Schimpanse und Delphin, dazu die Abstraktionsfähigkeit fehlt.

Katzen sehen aber definitiv »jemanden« im Spiegel und reagieren auch darauf. Manchmal erschrecken sie und sind ängstlich, sie richten sich am Spiegelschrank auf und schlagen mit der Pfote nach ihm. Sie bauen sich seitlich mit aufgeplustertem Schwanz und Buckel auf und drohen einem vermeintlichen Konkurrenten und fauchen sich dabei gelegentlich selbst an.

Manchmal schnuppern sie intensiv am Spiegel, weil sie sich über die »fremde« Katze informieren möchten und sich das Phantom im Spiegel nicht durch seinen Geruch vorstellt. Katzen »sehen« aber zusätzlich durch ihre Nase. So erkennen sie ihre Menschen oder den aggressiven Kater aus der nächsten Querstraße schon von weitem am Geruch. Für sie besteht alles aus ganz bestimmten Düften, nach denen sie ihre Umgebung identifizieren. Wenn aber nichts anderes da ist als eine bewegliche Figur, reagieren sie allein auf die Bewegung und verlieren sehr bald das Interesse. Manche intelligente Katze schaut auch, nachdem sie keinen Geruch am Spiegelbild feststellen konnte, *hinter* dem Spiegel nach. Andere erkennen Figur und Gestik ihres Menschen anhand seiner Bewegungen – so jedenfalls erklären sich Katzenliebhaber, dass ihre Katze im Spiegel sieht, wie sie durch Handbewegungen gerufen wird, und tatsächlich zu ihnen kommt.

HABEN KATZEN KATZENAUGEN?

Die Fahrradlampe leuchtet in ein dichtes Gebüsch am Waldrand, und plötzlich leuchten zwei grüne Punkte auf. Glücklicherweise sitzt auf dem Fahrrad ein ungeeignetes Beutetier für die Katze auf nächtlicher Jagd. Der Scheinwerfer hatte den lichtreflektierenden Hintergrund ihrer Augennetzhaut getroffen und warf das Licht durch ihre Iris als glühendes Grün zurück. Wir kennen den Begriff »Katzenauge« als reflektierendes Rücklicht. Es leuchtet auf, allein dadurch, dass Licht darauf fällt. Viel besser ausgestattet als wir ist die Katze mit diesem lichtreflektierenden Belag, der noch das geringste bisschen Licht im Dunkel aufnimmt und wie ein Spiegel wirkt. So ist es Katzen möglich, Bewegungen und Gegenstände in der Dämmerung oder Dunkelheit zu erkennen, in der ein menschliches Auge nichts mehr sieht. Ist es stockfinster, sind Katzen allerdings mehr auf ihre Tasthaare angewiesen. Die Pupillen der Katze können sich vom Oval zum senkrechten schwarzen Strich oder Spalt zusammenziehen. Damit reagiert das Auge der Katze extrem sensibel auf jeden Lichteinfall und schützt vor allzu hellem Sonnenlicht oder grellen Beleuchtungen.

Katzen sind nicht farbenblind, aber sie können Farben nur eingeschränkt wahrnehmen. Rot nehmen sie dunkel wahr, ihre Lieblingsfarbe, haben Forscher der Universität Mainz festgestellt, ist Blau. Beim Beobachten bewegen Katzen den Kopf, weil sie ihre Augen nur wenig nach links oder rechts bewegen können. Der Sichtwinkel beträgt 200 bis 220°. Die Größe der Pupillen verrät etwas über die Stimmung der Katze: Bei Abwehrhaltung sind die Pupillen weit geöffnet, sind sie stark verkleinert, ist sie eher aggressiv.

Bei der Geburt haben alle Katzen blaue Augen, erst im Lauf der ersten drei Lebensmonate bekommen sie ihre endgültige Farbe.

WAS TUN, WENN IHRE KATZE STIEHLT?

Die Katze lässt das Mausen nicht – sie kann nämlich gar nicht anders. Zumindest wenn es ihr bereits mehrfach ohne protestierende Zeugen geglückt ist. Ihre Katze sichert sich ihre Ressourcen, und das ist ihr gutes Recht! Geben Sie verloren, was heruntergefallen ist. Und lassen Sie nichts herumstehen, was zum Mausen einlädt. Wenn Sie Ihre Katze auf frischer Tat ertappen, nehmen Sie eine zusammengerollte Zeitung, schlagen Sie sich damit vor den Kopf und sagen Sie dreimal: Beim nächsten Mal werde ich besser aufpassen! Wer darf es seiner Katze übel nehmen, wenn sie schwach wird und von der Butter auf dem Tisch, dem Fleisch oder dem Schinken ein wenig kostet? Lassen Sie sich nicht zu einem spontanen Schlag hinreißen, wenn sie gerade aus dem Milchkännchen auf dem Kaffeetisch trinkt. Dadurch werden *Sie* zum Übeltäter, denn Ihre Katze bekommt Angst vor Ihnen und wird Ihnen künftig nicht glauben, dass Sie sie nicht schlagen, sondern streicheln wollen. Außerdem ruinieren Sie nur die Kaffeetafel dabei.

HABEN KATZEN ANGST VOR RATTEN?

Carlo, unser großer weißroter Kater brachte mir eines Mittags eine ausgewachsene Ratte, die so schwer war, dass er sie immer wieder ablegen musste. Er kam von den Ställen, wo diese Mitesser nach dem Füttern der Schafe die Reste aus dem Stroh sammelten. Carlo war aber auch der Einzige, der es mit Ratten aufnahm, und er hat sich jede Belohnung extra verdient. Unsere anderen Katzen beobachtete ich dabei, wie sie die Ratten bewusst übersahen oder angeekelt mit der Tatze schlenkerten. An Mäusebabys und jungen Schwalben waren sie allerdings sehr interessiert, auch wenn es dafür nie eine Belohnung gab. Eine Nachbarin, die elf Katzen auf dem Hof hatte und dennoch der Rattenplage im Stall nicht Herr wurde, schaffte sich schließlich einen Jack Russel Terrier mit ausgeprägtem Jagdinstinkt an. Leider machte er keinen Unterschied zwischen Katzen und Ratten – alles Beutetiere. So verschwanden zuerst die Hofkatzen, eine nach der anderen, und danach die Ratten.

SIND KATZEN SADISTISCH?

Nein, das kann man wohl nur einer Spezies halbwildem Tier nachsagen, dem Menschen. Ein Sadist benutzt seinen überlegenen Verstand, seine geistigen Fähigkeiten, seine Fantasie, um in vollem Bewusstsein andere Lebewesen zu quälen, um sich daran zu erfreuen oder sexuell zu erregen. Die Katze aber handelt nicht aus dem Verstand heraus, sondern instinktiv. Und zu ihren Instinkten, zur Wildheit, die sie sich bis heute bewahrt hat, gehört auch das grausame Scheinspiel, das Katz- und Maus-Spiel mit lebenden Beutetieren.

Der Verhaltensforscher Paul Leyhausen unterscheidet drei Arten des Beutespiels: Beim »gehemmten Spiel« schleicht die Katze das Spielobjekt an, belauert es, tippt es leicht mit der Pfote an und springt zurück. Katzen spielen mit Spitzmäusen, die sie nicht verzehren, besonders lange. Die zweite Spielform ist das »Stauungsspiel« von Katzen, die längere Zeit kein Beutetier mehr gefangen haben – das klassische und (für das Opfer) grausame Katz- und Maus-Spiel wie im Bild, bei dem der Tötungsbiss lange gehemmt bleibt. Das »Erleichterungsspiel« wird ausschließlich mit toten Beutetieren gespielt, und zwar besonders nach dem Töten einer wehrhaften Beute, zum Beispiel einer großen Ratte.

Aber diese Spiele mit der Beute macht die Katze nicht aus Freude am Quälen, sondern weil sie nicht anders kann. Es ist Teil der Erhaltung ihrer Art, wenn sie zum Beispiel ihren Kindern beibringt, wie man Beute fängt, festhält und tötet, und ihnen dazu das Beutetier zum Üben bringt.

SIND KATZEN EINZELGÄNGER?

Wer einmal eine Katzenversammlung bei Mondschein gesehen hat, könnte meinen, dass sie auch auf Partys gehen würden. Aber Katzen, wie auch diese Bengal, sind Einzelgänger, keine Rudeltiere, die zusammen jagen. Zweimal im Jahr kommen sich Kater und Kätzin allerdings sehr nahe – um das wilde Ritual der Katzenliebe zu zelebrieren und für Nachwuchs zu sorgen. Den Rest des Jahres hält man lieber Distanz. Hauskatzen müssen mit ihrer Familie auf verhältnismäßig engem Raum zusammenleben und ziehen sich allenfalls einmal in ein stilles Eckchen zurück, um ungestört zu sein. Sind sie mit einem anderen Haustier aufgewachsen, gibt es keinerlei Probleme, denn jeder kennt seine Rechte, und die müssen nicht immer wieder neu ausgekämpft werden. In der Familie schließt sich die Katze meist einem bestimmten Menschen besonders eng an. Sie ist deshalb nicht unfreundlich zu anderen Familienmitgliedern, aber ihr Herz gehört eben dem oder der Erwählten.

WARUM VERSCHARREN KATZEN IHREN KOT?

Wenn sie es tun – was sich viele Katzenfreunde innigst wünschen. Oft hört man jedoch den resignierten Satz: »Manche lernen's eben nie.« Man stelle sich vor: Katze geht brav ins Kästchen mit der individuellen Einstreu, aber nach getaner Arbeit springt sie erleichtert heraus und hinterlässt allen Familienmitgliedern zur Kenntnis ein unbedecktes Stück Verdauung und den entsprechenden Geruch. Ebenso macht sie es mit den flüssigen Ausscheidungen und treibt die Mitbewohner in die Krise. Die glauben, Erziehung sei angebracht, und versuchen Katze geduldig und nachdrücklich das Verscharren im Streusand beizubringen. Sie setzen sie erneut ins Kästchen, nehmen ihre Pfote und holen damit das Scharren nach, was die Süße vielleicht ja nur vergessen hatte. Das Ganze wird zum Geduldsspiel und zum Schluss bleibt Kätzchen die unbelehrbare Siegerin …

Eine Erklärung für die beharrlichen Scharrverweigerer: Meine Wohnung ist mein Territorium, sagt sich die dominante Katze, die ihren Haushalt im Griff hat. Da Katzen ihr Territorium täglich neu markieren müssen, um ihren Anspruch zu dokumentieren, markieren sie eben ins Kästchen – ohne die Hinterlassenschaft zu verscharren. Weithin sollen es alle riechen können, wer hier die Stiefel anhat.

Und die lieben Katzenkerlchen, die brav zuscharren, was sie von sich gegeben haben, mögen zwar gut erzogen sein, supersauber, aber vor allem, so eine wissenschaftliche These, akzeptieren sie ihre Menschen als überlegene Superkatzen. Darum versteckt sie ihren Kot, um die überlegenen Katzen nicht zu reizen. Und das tut der Scharrverweigerer eben nicht, weil er sich selbst für super hält.

WIE KÖNNEN WIR NISTENDE VÖGEL SCHÜTZEN?

Manchmal konnte ich einen Vogel retten – wenn Millipilli, Füchsle oder Kater Carlo mir ein lebendes Geschenk gemacht hatten. Ich hoffte, dass das Tierchen nur in eine Schreckstarre verfallen war. Hatte sich der Vogel in einem dunklen Karton etwas erholt, ließ ich ihn an einem sicheren Platz frei, und oft flog er davon.

In der Natur sind unsere Singvögel schutzlos Raubvögeln, Katzen, Wieseln und Mardern und anderen Feinden ausgesetzt. Um ein wenig zum Gleichgewicht beizutragen, haben wir Menschen immerhin eine Möglichkeit, die Brütenden und ihre Nester zu schützen. Eine Manschette aus Draht (Katzenabwehrgürtel), die vom Boden aus so hoch angebracht ist, dass auch die kühnste Katze nicht mit einem waghalsigen Sprung heranreicht, oder ein dichtes Dornengestrüpp verhindert, dass sie am Baumstamm hochklettern kann, um das Nest zu plündern. Außerdem gibt es Düfte, die mag das empfindsame Katzennäschen nicht. Angeblich soll die vulgär benannte »Verpiss-dich-Pflanze« in der Nähe von Vogelnestern Katzen fernhalten. Ein Halsband mit Glöckchen, das bei jeder Bewegung klingelt, warnt allenfalls Altvögel. Nestlinge und gerade ausgeflogene Jungvögel haben keine Chance, egal ob die Katze ein Glöckchen trägt oder nicht. Die einzig sichere Methode: In der Zeit, in der die Jungvögel ausfliegen, bleibt die Mieze im Haus. So haben die Erstflieger wenigstens eine Chance, ihren Flugschein zu machen, bevor die Jäger auftauchen. Und Sie können sich am Gesang der Vögel freuen.

WIE KANN MAN KATZEN ABSPECKEN?

Wahrscheinlich gibt es mehr übergewichtige Katzen als unterernährte, weil auch Katzenfreunde ihre Zuneigung eher durch zu viel von allem Guten beweisen. Besonders Katzen, die der einzige Liebling eines alten Menschen oder Alleinstehenden sind, werden mit mehr Futter und Leckerlis verwöhnt, als gesund für sie ist. Hinzu kommt bei Einzelkatzen, die isoliert in einer Wohnung leben, die Langeweile von Tagen ohne Spannung durch Jagd und Beute, ohne Revierkämpfe und interessante Markierungsbotschaften von Nachbarkatzen. Leider geht es heute vielen Hauskatzen wie Kater Garfield aus dem Comic: Wenn sie nicht mit Schlafen beschäftigt sind, fressen sie.

Die Idealfigur hat eine Katze, wenn man ihre Rippen zwar fühlen, aber nicht sehen kann. Auch wenn Übergewicht in den seltensten Fällen krankheitsbedingt ist, sollten Sie Ihr Schwergewicht beim Tierarzt vorstellen, damit er hormonelle und andere Ursachen ausschließt.

Auch Katzen setzen leichter Fett an, als sie es wieder loswerden. Das Abspecken muss kontrolliert und langsam erfolgen, eine Nulldiät ist für Katzen tabu. Sie kann zu einer gefährlichen Lebererkrankung führen. Die Umstellung der Ernährung sollte mit einer Umstellung der gesamten Lebensweise erfolgen: Ermuntern Sie Ihre Katze zu mehr Bewegung, lassen Sie sie hinter Spielzeug herjagen, beschäftigen Sie sich mit ihr. Ihr Futter sollte die Katze sich erspielen: Füllen Sie einen sogenannten Futterball mit – kalorienreduziertem – Trockenfutter, das sie nur durch Hin- und Herrollen herausbekommt. Der Anteil an Trockenfutter sollte eingeschränkt werden. Da es erst nach dem Fressen im Magen quillt, nimmt sie davon manchmal zu viel. Ansonsten gilt: kleinere und mehrere Mahlzeiten täglich.

WAS TUN BEI VOGEL- UND MAUSGESCHENKEN?

Solche Geschenke sind Freundschafts- und Liebesbeweise, verschmähen Sie sie nicht. Solange die lieben Tierchen nicht lebendig überreicht werden, gibt es keinen Grund zur Panik. Kraulen Sie Mieze gefasst und tapfer, sagen Sie wohlerzogen danke und tun Sie so, als gäbe es das wundervolle Geschenk zum Abendessen. Sie können ihr später immer noch erklären, dass Menschen von einem Mausestew nicht satt werden.

Atmet die Beute noch, ziehen Sie sich Ihre gefütterten Gartenhandschuhe an (Mäuse haben zwar kleine, aber scharfe Zähne, und Vögel in Todesnot können Schnabel und Krallen gebrauchen) lenken Miez mit Futter ab und bringen Sie die Geschenke irgendwo draußen in Sicherheit. Es könnte immerhin sein, dass sie sich wieder erholen, weil sie im Schockzustand in eine Art Starre verfallen und ohne den Fluchtreflex oftmals für die Katze uninteressant geworden sind.

WÜRDEN KATZEN WIRKLICH MÄUSE KAUFEN?

Sicher, weil es »frisches Fleisch« ist und das seit Generationen ihre Hauptnahrung war. Aber die wenigsten Katzen leben heutzutage als Mäusefänger, und deshalb muss der Katzenfreund sich anstrengen, seine Samtpfote ausgewogen zu ernähren. Am bequemsten geht's mit Fertigfutter. Der Markt für Katzenfutter ist bei fast acht Millionen Katzen in Deutschland rund 1,2 Milliarden Euro (2007) wert. Entsprechend sind die Produzenten mit ausgeklügelten Marketingmethoden auf Kundenfang aus – das sind zunächst mal die Katzenhalter, denen das Produkt, die Verpackung, das Versprechen gefallen soll, der Inhalt soll nach Fleisch aussehen und nicht unangenehm riechen. Die Katzen, die das Futter genießen sollen, sind längst auf ihre Vorlieben hin getestet worden, so dass es ihnen tatsächlich schmeckt und bekommt.

Im September 2008 hat die Stiftung Warentest den Mäuseersatz untersucht: 28 Feucht- und 11 Trockenfutter als Alleinfutter wurden analysiert. Ergebnis: Die meisten, nämlich 32, seien ernährungsphysiologisch ausgewogen, so dass Mieze, auch wenn sie das gleiche Futter ihr Leben lang bekäme, keine Mangelerscheinungen haben und auf Grund dessen nicht krank werden dürfte. Die Testsieger unterscheiden sich weniger im Ergebnis als im Preis: Eine Tagesration dieser sechs Produkte kostet zwischen 22 Cent und 2,77 Euro. Bei Trockenfutter kostet die Tagesration zwischen 5 Cent bis 31 Cent. Die Zeitschrift Test meint: »Ist die Katze gesund, schlank und trinkt sie genug, spricht nichts gegen Trockenfutter.« Da Katzen viel Flüssigkeit brauchen, muss bei Trockenfutter besonders darauf geachtet werden, dass Mieze viel dazu trinkt. Mehrere Wasserschüsseln sollen an verschiedenen Orten in der Wohnung bereitstehen. Und dass Sie am besten mehrmals am Tag das Wasser austauschen, versteht sich, da vermutlich ohnehin immer irgendjemand im Haushalt die eine oder andere umkippt.

WAS TUN BEI FRESSSUCHT?

Futtergier kommt eher in Katzenfamilien als bei Einzelkatzen vor. Es kann Zeichen einer veränderten Hierarchie sein, zum Beispiel wenn ein Jungkater erwachsen wird und testet, wie weit er gehen kann, nämlich auch das Futter der anderen zu fressen. Das Ergebnis: Die erschütterten Mitkatzen gehen leer aus, und man selbst muss eingreifen, um das zu verhindern. Die Junge frisst sonst so viel, dass es ihr nicht bekommt und sie das Zuviel wieder ausbricht. Fresssucht oder Futterneid – es kann sich die junge Katze nur durchsetzen, wenn die anderen es sich gefallen lassen, statt dem Futterneider eine zu tatzeln.

Das Beste ist, man füttert eine Weile getrennt, entweder zu unterschiedlichen Zeiten oder in verschiedenen Räumen.

Eine andere Erklärung für eine plötzliche Verhaltensänderung könnten Würmer oder andere Parasiten sein. Achten Sie darauf, und wenn Sie einen Verdacht haben oder alles nichts nützt, ist ein Besuch beim Tierarzt angebracht.

IMMERZU FISCH FÜR DIE KATZE?

Katzen lieben Fisch, das weiß doch jeder! Aber was ist mit den Gräten? Und wie oft dürfen sie Fisch fressen? Beim Fertigfutter mit der Aufschrift »Mit Fisch« ist der Fischanteil oft unbedeutend, das darf Miez jeden Tag haben. Aber frischen Fisch (reich an Vitamin D) kann sie einmal pro Woche haben, denn roher Fisch kann Thiaminase enthalten, das Vitamin B1 zerstört. Ein Zuviel an fettreichen Fischsorten wie Makrele, Hering oder Sardinen kann Steatitis hervorrufen, eine Krankheit, die durch Vitamin-E-Mangel entsteht.

Durch die Premium-Marken beim Katzenfutter werden immer mehr wertvolle Speisefische verarbeitet, was zur weiteren Verknappung durch die Überfischung der Meere beiträgt.

Keine Hafenkatze ist an einer verschluckten Gräte zu Grunde gegangen, aber unsere Hauskatzen? Wer vorsichtig ist, kocht oder dämpft den Fisch und entfernt die Gräten für seine Katze. Seltsam nur, dass Miez keine Probleme hat, die Goldfische aus Nachbars Teich zu verspeisen.

BETTELT IHRE KATZE ETWA?

Wenn Sie das so nennen wollen? Ihre Katze geht selbstverständlich davon aus, dass Sie *alles* mit ihr teilen. Aber Sie wollen nicht, dass sie bettelt, weil das bei Besuchern einen schlechten Eindruck macht? Lesen Sie weiter.

Zunächst eine kleine Wahrheit: Wenn Ihre Katze bettelt, dann haben Sie sie dazu erzogen. Sie brauchen nur einmal schwach werden und das nächste Mal vergessen, dass Sie es doch auf keinen Fall tun wollten. Schon weiß Ihre Katze, wie sie Ihr Herz erweicht – bei Tisch oder in der Küche. Von da an werden Sie es schwer haben, NEIN zu sagen.

Regel Nr. 1
Fangen Sie gar nicht erst mit einem Häppchen bei Tisch an.

Regel Nr. 2
Ist es passiert, schwören Sie sich, von nun an konsequent zu sein.

Regel Nr. 3
Füttern Sie Ihre Katze möglichst zur gleichen Zeit, wie Sie Ihre Mahlzeiten einnehmen.

Regel Nr. 4
Essen Sie selbst regelmäßig, damit Sie Ihre Katze pünktlich füttern, sonst wird sie protestieren und betteln.

Eine Katze, die gelernt hat, wie man bettelt, wird aufdringlich. Sie wird auf den Tisch springen, laut maunzen und Sie ständig umschwänzeln. Anfangs werden Sie gerührt nachgeben, vielleicht auch amüsiert sein, später genervt mit ihr schimpfen. Dafür wiederum hat Ihre Katze kein Verständnis: »Liebst du mich denn nicht mehr?«

SIND KATZEN GOURMETS?

Wer Zeit und Lust hat, kocht für seine Katze selbst. Mäuse, Ratten, Küken werden zwar im Zoohandel für Reptilienhalter angeboten und Katzen würden schon beim Anblick vor gieriger Aufregung zittern. Doch welcher Tierfreund bringt das fertig, vermutlich nur die, die Schlangen als Halsschmuck tragen. Es gibt jedoch Tierfutterläden, die Geflügel, Fisch, Kaninchen, Rind, Pferd, Schaf, Wild abgepackt und eingefroren anbieten. Innereien sollte man nur gelegentlich geben.

Was ich meiner Katze *nicht* gebe:

Rohes Schweinefleisch.

Nur eine Fischmahlzeit und ein Ei pro Woche.

Leber selten, höchstens drei Prozent Anteil am Futter, ebenso kein Lebertran.

Von Milch bekommen besonders erwachsene Katzen oft Durchfall.

Es wird sich kaum eine Katze danach reißen: Zwiebeln, Lauch, Knoblauch sind Gift für Katzen. Ebenso tabu sind rohe Kartoffeln, rohe Bohnen, Weintrauben, Rosinen, Avocado. Vorsicht bei Spinat, Mangold, Rote Bete, Süßkartoffeln, Petersilie.

Wenn Sie sich nun die Mühe als Katzenköchin gemacht haben und ihrer Katze das Menü vorsetzen – dann seien Sie nicht enttäuscht, wenn Miez Miez die Nase rümpft und das gewohnte Fertigfutter verlangt. Je einseitiger Ihre Katze ernährt worden ist, umso mehr Geduld brauchen Sie für die langsame Umstellung. Versuchen Sie es, indem Sie das gewohnte Futter mit dem neuen mischen. Angewärmt mögen es die meisten Katzen lieber. Sie können auch bei der Zubereitung kleine Stücke als Leckerchen anbieten und das Füttern so ein wenig spannend machen.

WARUM FRISST MEINE ALTE KATZE NICHT MEHR?

Im Alter können Katzen teilweise den Geruchs- und Geschmackssinn verlieren und damit den Anreiz zu fressen. Sie haben einfach keinen Appetit mehr, weil sie nur noch wenig riechen und schmecken können.

Es kann sein, dass sie ihr Lieblingsfutter plötzlich stehen lassen. Trockenfutter ist für betagte Katzen ohnehin nicht mehr empfehlenswert, weil sie oft nur noch wenige Zähne haben. Deshalb stellen Sie das Futterangebot rechtzeitig um, bevor Ihre Katze abmagert und hinfällig wird. Probieren Sie verschiedene Alternativen aus und füttern Sie sie mit ihrer Lieblingsspeise. Einige Katzenbesitzer hatten schon Erfolg mit Babynahrung aus dem Glas. Andere empfehlen Tunfisch im Sud (ohne Öl) mit etwas Reis und möglichst leicht warm, weil das den Geruch verstärkt. Bei allen Katzen beliebt ist selbstgekochtes Hühnchen und Pute ebenfalls leicht warm und mit etwas Wasser gemischt. Oder als absoluten Anmacher gelegentlich rohes Schabefleisch (ganz mager und nur vom Rind), vielleicht weil es ein wenig an frische Maus erinnert?

Ein anderer Grund dafür, dass Ihre Katze nicht mehr fressen möchte, können Zahnprobleme sein: Lockere, vereiterte Zähne oder entzündetes Zahnfleisch wie bei einer Parodontose verursachen Schmerzen. Wenn der Tierarzt diese Gründe ausschließen kann und keine andere Diagnose stellt, sind Vitaminspritzen zum Appetitanregen bewährt.

WELCHES KRÄUTLEIN TUT IHR GUT?

Die Reinlichkeit der Katze hat ihren Preis. Durch das viele Waschen und Putzen, indem die Katze den Ballen ihrer Pfote mit der Zunge beleckt, sich anschließend übers Gesicht fährt und die Ohren dabei nicht vergisst oder direkt mit der Zunge ihr Haarkleid von vorne bis hinten wäscht, werden auch zusammengeklebte und lose Haare »ausgekämmt«. Unvermeidlich werden dabei auch Haare geschluckt, die sich im Magen zu einem kleinen Haarball zusammenknäueln. Eine Hauskatze braucht deshalb Katzengras zur Magenreinigung. Am Gras knabbert sie so lange, bis sie den Haarknäuel hochwürgen kann.

Wenn Sie Ihrer Katze und sich selbst Freude machen wollen, dann pflanzen Sie in Ihrem Garten oder in mehrere Blumentöpfe: Ackerminze, Wasserminze und Katzenminze, Goldmelisse, Baldrian, Feldthymian und – Katzengras, das regelmäßig und rechtzeitig nachgesät werden muss.

GÖNNEN SIE IHRER KATZE AUCH MAL EINEN TRIP?

Für uns sind Wildpflanzen wie Pfefferminze und Baldrian nützliche Stauden im Garten. Sie blühen und duften und sind auch noch nützlich als altbekannte und anerkannte Heilkräuter. Als Tee oder in Tropfen- und Tablettenform haben sie erwiesenermaßen eine beruhigende Wirkung und sollen dabei helfen, den ersehnten Schlaf zu finden.

Ganz anders wirken Katzenminze und Valeriana officinalis, auch Katzenwurzel oder Katzenkraut genannt, auf unsere Katzen. Sobald sie in die Nähe dieser Kräuter kommen, strecken sie ihre Nase in die Luft, zucken mit dem Unterkiefer, reiben sich an was immer gerade da ist und wälzen und rollen sich, als wollten sie ein Dutzend Jungkater verführen. Dabei blicken sie ins Leere und scheinen gänzlich abwesend zu sein. Die Symptome erinnern an einen Rausch oder Trip, der sie in Ekstase versetzt, sobald sie diese Pflanzen riechen. Nach einer Viertelstunde, manchmal ein wenig länger oder kürzer, ist der Zauber vorbei. Auslöser dafür sind ätherische Duftöle, die immer öfter auch gezielt eingesetzt werden, wenn Katzen Verhaltensprobleme im Zusammenleben mit Mensch und Tier haben.

Leider sind nicht alle Katzen so einfach abzulenken oder glücklich zu machen. Bei manchen kann es auch eine gegenteilige Reaktion auslösen und erst richtig zu Stress und Aggression führen. Darum vielleicht zuerst einmal vorsichtig nur bei einer Katze ausprobieren, bevor sie den ganzen Katzenhaushalt berauschen! Inzwischen wird auch schon gewarnt, Katzen könnten süchtig oder bei zu häufigem Einsatz solcher Glücksdrogen dafür unempfindlich werden. Man sollte sie also nicht zu häufig anwenden, damit sie ihre Wirkung nicht verlieren.

WIE KOMMT SIE WIEDER RUNTER?

Rauf kommen sie immer, auf die höchsten Bäume, auf Dächer und andere schwer erreichbare Höhen. Ihre Krallen sind wie dafür gemacht. Dann packt sie plötzlich die Angst, und sie trauen sich nicht wieder herunter. Sie maunzen weit hörbar herzerweichend und kläglich, Menschen versammeln sich und möchten helfen. Frauchen oder Herrchen rufen stundenlang, stellen das feinste Katzenfutter hin, in der Hoffnung, der Duft würde ihren ausgehungerten Liebling zum Abstieg bewegen.

Zwei Tage saß der sieben Monate alte Kater unserer Nachbarin in einem Baum und wagte den Abstieg nicht. Er war dem Piepsen von Jungvögeln in einem Nest gefolgt und zum ersten Mal auf einen hohen Baum geklettert. Die Anlieger hatten den kleinen Kater schon stundenlang klagen gehört, waren aber ratlos. Bernie saß eine Straße weiter auf dem Baum, und nur durch Zufall erfuhr sein Frauchen, dass tierliebe Menschen Feuerwehr und Polizei gerufen hatten.

Die Helfer in der Not sind von solchen Einsätzen nicht gerade begeistert, weil inzwischen ein Rettungsnotruf für Menschen eingehen könnte, während sie beschäftigt sind, eine in Panik geratene Katze vom Baum zu holen. Deshalb raten sie meist, erst einmal abzuwarten, ob sich die Katze nicht von Hunger und Durst gequält doch selbst zum Abstieg rückwärts vom Baum entschließt. Denn mit dem Kopf nach unten wäre es unmöglich. Nero, zum Beispiel, hatte eineinhalb Wochen ohne Nahrung im Baum zugebracht und sollte von einem Fassaden-Kletterer gerettet werden. Der stieg der vor ihm flüchtenden Katze bis in die Baumspitze nach, aber gerade als sein Retter nach ihm greifen wollte, ließ sich Nero auf die unteren Äste fallen und fand von dort aus selbst herunter auf die Straße.

WIE ÜBERLEBT DIE KATZE EINEN STURZ?

Einer erwachsenen Katze wird selten schwindelig. Deswegen kann sie gemächlich über Dächer spazieren, auf dem Fensterbrett oder der Balkonbrüstung hocken. Sollte sie aber tatsächlich einmal stürzen, dann hat sie dennoch gute Chancen zu überleben. Denn sie hat einen Drehreflex, der dafür sorgt, dass sie sich beim Fallen rechtzeitig in mehreren Phasen so dreht, dass sie nicht auf dem Rücken oder seitlich auf dem Boden auftrifft. Die Katze braucht zwei Meter, um sich zu drehen. Das heißt, wenn sie aus dem Bett oder vom Couchtisch fällt, kann sie auf der Seite landen, aber beim Sturz vom Balkon wird sie auf ihren Pfoten landen. Selbst kleine Kätzchen können diese Drehbewegung bereits, sie brauchen sie nicht erst zu lernen. Aber je nach Höhe ist der Aufprall mit Knochenbrüchen, Kopf- und Kieferverletzungen oder inneren Verletzungen verbunden.

Wer kein Risiko eingehen will, bringt ein Netz auf dem Balkon an oder denkt an einen einsetzbaren Gitterrahmen für das geöffnete Fenster. Keine Katze hat neun Leben.

WIE KOMMT MIEZ INS NEUE JAHR?

Gleich nach Weihnachten beginnt der Verkauf von Feuerwerkskörpern. Das ist eine Zeit, die für Ihre Katze keinen guten Übergang ins neue Jahr verspricht. Lärmempfindlich wie sie ist, erlebt sie die Geräusche, Feuerblitze und den Schwefelgeruch als lebensbedrohlich. Durch Kanonenschläge und Raketen geraten Katzen und Hunde in jedem Jahr in Angst und Schrecken. In Panik rennen sie von zu Hause fort, werden überfahren oder verkriechen sich an Plätzen, die sie nicht kennen und nicht mehr alleine verlassen können. Die Tierheime füllen sich mit gänzlich verstörten Tieren. In die Notdienste der Tierarztpraxen werden Katzen und Hunde mit Brandwunden und Augenverletzungen gebracht. Anderen schlägt die Situation buchstäblich auf den Magen.

Bevor es dazu kommt, behalten Sie Ihre sonst freilaufende Katze lieber ein paar Tage im Haus. Sie wird nicht gerne auf den Ausgang verzichten, aber sie ist bei Ihnen zu Hause in Sicherheit. Vielleicht erleichtern Sie ihr den Übergang ins neue Jahr mit einem Beruhigungsmittel vom Tierarzt, das Sie vorher schon einmal ausprobieren. Verschiedene Bachblütenmischungen oder das homöopathische Komplexmittel Anxiety sollen ebenfalls bei aufgeregten und nervösen Katzen wirken. Am Silvesterabend können Sie in dem Raum, in dem sich Ihre Katze aufhalten soll, die Rollos herunter- oder die Vorhänge zuziehen. Dann sieht sie zumindest nicht die Blitze. Auf jeden Fall sollten Sie Ihrer Katze Rückzugsmöglichkeiten im Haus schaffen, wenn es losgeht. Miez sollte sich im Kleiderschrank, Bett oder wo immer sie möchte verstecken dürfen. Aber vielleicht sitzen Sie ja mit ihr gemeinsam am Fenster und beobachten das Feuerwerk? Auch solche Nervenstarken gibt es!

WAS TUN, WENN NACHBARN KEINE KATZEN MÖGEN?

Sogar die liebste Katze kann Probleme machen – seltener uns, die wir voller Verständnis sind und sie auf Händen, Schoß und Schultern tragen. Dafür aber den Nachbarn, die sich leider schon morgens über die Katzenpfötchen auf dem glänzend poliertem Auto aufregen müssen. Hinzu kommt das leidige Thema Reviermarkieren und Verscharren des Kots in fremden Gärten.

Katzen, die Freigang haben, können es nicht lassen: Durch Duftmarken, Spritzen von Urin und Kotabsetzen machen sie sich bei den Nachbarn unbeliebt. Wenn Ihre Katze zu Hause ein diskretes Toilettenhäuschen hat, fragen Sie sich, warum sie ihr Häufchen unbedingt in Nachbars frisch bepflanztem Kräuterbeet verscharren muss?! Dass dem der Appetit auf seine Kräuter vergeht, kann auch ein Katzenfreund nachempfinden. Denken Sie daran, wenn die Geduld Ihrer Nachbarn zu arg strapaziert wird, der Ärger zu groß wird, könnte es sein, dass Ihre Katze eines Tages nicht mehr nach Hause kommt. Und das ist nicht einmal so selten.

Deshalb und wenn Sie ein guter Nachbar sind, überlegen Sie rechtzeitig, was sich tun lässt. Ein hoher, und dichter Zaun, damit Ihre Katze das Grundstück nicht verlassen kann, wäre eine Möglichkeit. Allerdings wird ein wirklicher Freigänger sich damit kaum abfinden. Sie könnten auch als Zeichen des guten nachbarschaftlichen Willens ein halbes Dutzend Wasserpistolen verteilen oder ein starkes Netz oder Draht kaufen, unter dem Nachbars Kräuter und Gemüse wachsen können. Im Handel gibt es Pflanzen mit dem eleganten Namen »Verpiss-dich-Pflanze«, die dort gesetzt werden, wo sich Katzen gern verewigen. Der Erfolg soll sehr unterschiedlich sein. Zum gleichen Zweck werden auch Sprays angewandt. Pfefferstreuen ist ebenfalls ein Mittel genervter Nachbarn, das allerdings nur bei trockenem Wetter sinnvoll ist. Mit anderen Worten, das Beste wäre, Ihre Nachbarn hätten auch eine Katze.

SIND KATZEN DIE KLÜGEREN?

Katzen versuchen Konfrontationen möglichst aus dem Weg zu gehen. Eher flüchten sie, wenn es möglich ist. Nur wenn ihnen kein Ausweg bleibt, als sich zu stellen, sind sie bereit zu Kampf und Verteidigung.

Wenn eine Katze eine besonders niedrige Toleranzschwelle hat, dann liegt das wahrscheinlich an den schlechten Erfahrungen, die sie früher einmal machen musste. Ein gutes Gedächtnis ist für die meisten Tiere eine Art Überlebenshilfe. Eine Katze, die einmal von Jugendlichen geärgert oder gequält worden ist, wird sich künftig vor ihnen rechtzeitig in Sicherheit bringen. So erklärt sich auch, dass Katzen manchmal nur zu Frauen oder nur zu Männern Vertrauen haben oder Kinder ablehnen. Bedrohliche Situationen bleiben als gefährlich im Gedächtnis und versetzen die Katze in höchste Alarmbereitschaft.

Besonders weibliche Katzen verteidigen ihr Revier nachdrücklich gegen neue Artgenossen. Wie Hündinnen beanspruchen sie ihr Territorium für sich. Der eigene Garten und Hausbereich werden vehement vor Fremden geschützt. Dieses Verhalten dient wohl dem Schutz künftigen Nachwuchses und geschieht durch Markieren an verschiedenen Punkten, aber auch durch Drohen und im Notfall Kampf.

In unserer Nachbarschaft wohnt eine hübsche schwarze Katze mit zwei aparten weißen Abzeichen zwischen den Augen und auf der Brust. Wenn ich mit meinem Hund am Grundstück entlanggehe, schnuppert er bereits den Zaun entlang, bis das erwartete tiefe singende Knurren ertönt und plötzlich ein schneller Katzenarm mit Krallenpfote zwischen den Staketen hervorschießt, um die Hundeschnauze zu treffen. Obwohl mein Hund den Angriff bereits erwartet, lässt er sich immer wieder auf den Nervenkitzel ein.

WIE FINDE ICH MEINE KATZE WIEDER?

Katzen mit Freigang führen zwar ein spannendes und ereignisreiches Leben, sind aber auch Gefahren ausgesetzt. Für ihre Frauchen und Herrchen bedeutet das jeden Tag wieder Unsicherheit und Bangen, ob ihr Liebling zurückkommt. Gefahr Nummer eins in der Stadt sind Autos. In ländlichen Regionen kommen noch Jäger dazu, die Katzen als »Schädlinge« abschießen. Eulen, Bussarde, Fuchs und Marder gehören zu den natürlichen Feinden der Katze. Geben Sie Tierfängern keine Chance, Ihre Katze zu verkaufen. Lassen Sie sie tätowieren oder durch einen Chip identifizierbar machen und melden Sie sie bei einem der Haustierregister an.

Eine Katze, die »verloren gegangen ist«, hält sich oftmals noch in Ihrer Nähe auf. Suchen Sie im Haus, in Schränken, Waschmaschine und Trockner und auf dem Dachboden, in der Nachbarschaft und näheren Umgebung. Bringen Sie an Laternenpfählen und Bäumen Suchanzeigen mit dem Bild Ihrer Katze, Ihrer Telefonnummer und seit wann Sie sie vermissen an. Senden Sie Ihre Suchmeldung an Tierheime und erkundigen Sie sich dort regelmäßig nach »Neuzugängen«. Fragen Sie bei Polizei und Feuerwehr nach.

Katzen können auf ihrem Streifzug unbemerkt in fremden Kellern, Garagen, Garten- oder Gewächshäusern gelandet und versehentlich eingesperrt worden sein. Oft verdursten und verhungern sie, weil niemand sie dort vermutet und nachsieht. Unkastrierte Kater machen ihren Menschen viel Sorgen, weil sie sich um jede liebestolle Katze bewerben müssen und tage- oder manchmal wochenlang fortbleiben, um irgendwann abgemagert, verschmutzt und von den Konkurrenten verhauen zurückzukommen. Laut Statistik sinken die Chancen, eine Katze zu finden, etwa nach sechs Wochen. Das muss aber noch nicht heißen, dass Ihrer Katze etwas zugestoßen ist – manchmal findet eine Katze auch ein neues Heim und gibt das alte auf.

WELCHE PFLANZEN SIND FÜR KATZEN SCHÄDLICH?

Leider wird das eine lange Liste, die nie vollständig sein kann. Aber wenn Sie die Pflanzen kennen, die für Ihre Katze gefährlich werden können, lassen sich wenigstens in der Wohnung und auf dem Balkon giftige Pflanzen vermeiden. Denn neugierige Katzen probieren gern mal an Blättern oder Samenständen.

Wohnung und Balkon

Korallenbäumchen, Christusdorn, Hyazinthe, Narzissen, Maiglöckchen, Leberblümchen, Kalla, Dieffenbachie, Philodendron, Schneeglöckchen, Tomate, Weihnachtsstern, Wurmfarn

Garten

Feuerbohne, Adonisröschen, Wolfsmilch, Fingerhut, Ginster, Goldregen, Lupinen, Oleander, Misteln, Efeu, Azalee, Primeln, Buchsbaum, Pfaffenhütchen, Rittersporn, Rhizinus, Robinie, Schachtelhalm, Schöllkraut und Schierling, Nachtschatten, Seidelbast und Stechapfel, Tollkirsche, Tabak, Herbstzeitlose, Hundspetersilie, Eisenhut, Küchenschelle

Dies sind nicht alle für Katzen schädlichen Pflanzen, aber die bekanntesten. Am besten gehen Sie gleich durch Wohnung oder Haus und in den Garten und prüfen, ob Sie irgendeine der aufgeführten Pflanzen finden. Selbst wenn sich Ihre Katze nicht dafür interessiert: Sicher ist sicher.

KÖNNEN KATZEN SICH ERINNERN?

Ja, wenn man das Lernen mit hinzuzählt. Denn alles, was einer Katze an Verhalten nicht angeboren ist, lernt sie von Mutter Katze und erinnert sich daran, wenn sie es braucht. Dazu gehört auch, stubenrein zu werden und erfolgreich Jagd auf Mäuse zu machen. Katzenbabys, die zu früh von der Mutter getrennt worden sind, haben möglicherweise Schwierigkeiten mit dem Sozialverhalten und bleiben manchmal dumm oder sehr scheu. Bis zur siebten Woche findet nämlich die Prägungsphase statt, und die entscheidet darüber, welche Einstellung das Kätzchen zum Menschen und zu seinesgleichen hat.

Katzen erinnern sich an alles, was ihnen gut tut – wobei es, wie bei Menschen auch, intelligente gibt, die neugierig alles untersuchen und nachahmen, und Dummerchen, denen man immer wieder helfen muss. Eine intelligente Katze beispielsweise lernt, wie ihr Mensch durch Druck auf die Türklinke die Tür zur Küche öffnet – wo sich Futter, Wasser, manchmal Braten und Hühnchen befinden. Sie lernt, den Deckel des Abfalleimers zu öffnen, in dem es so lieblich nach gebratenem Fisch duftet. Sie lernt, dass man zur Not an einem tropfenden Wasserhahn trinken kann.

Sie lernt, mit der Pfote im Goldfischglas zu angeln, wie man die Pfote in ein Milchkännchen versenkt und sie hinterher nur abzuschlecken braucht, dass lautes Maunzen bei ihren Menschen bestimmte Reaktionen hervorruft. Und Katzen erinnern sich an ihren Namen, wenn sie etwas Angenehmes damit verbinden: Leckerli, Spielen, Schmusen, in den Garten gehen.

Sie erinnern sich an unangenehme Erlebnisse, wo ein Artgenosse wohnt, der stets Unterwerfung verlangt, und wo ein Hund sie beinahe einmal erwischt hat. Besonders wichtig aber: Sie lernen ihr Revier kennen und erinnern sich, wie sie nach Hause finden.

WANN IST MEINE KATZE BELEIDIGT?

Eigentlich immer dann, wenn Sie Ihre Katze mit etwas Neuem überraschen. Wenn es nach Ihrem Liebling ginge, dürften Sie ein ganzes Katzenleben lang kein neues Sofa anschaffen, die Möbel nicht umstellen, nicht renovieren, keinen neuen Partner mit ins Haus bringen und nicht an eine zweite Katze denken. Denn das könnten Gründe für eine psychische Verstimmung sein. Haben Sie es doch gewagt, dann gibt es Ärger zu Hause. Rechnen Sie damit, dass Ihre Katze schmollt, dass sie übelnimmt, sich zurückzieht und dass Sie sie unendlich trösten müssen. Was ja auch nicht schlecht ist, denn Katzen streicheln tut uns gut. Für eine glückliche Katze darf sich die Welt nicht verändern – klingt nicht gerade nach der Zeit, in der wir leben. Die Katze weiß besser als wir, dass Beständigkeit bekömmlicher ist als Hektik.

MÜSSEN KATZEN ZÄHNE PUTZEN?

Das Leben in der Zivilisation hat für unsere Katzen nicht nur Vorteile wie regelmäßiges Futter, ein warmes Dach über dem Katzenkopf, Vorsorgeimpfungen gegen Seuchen und die Versorgung bei Krankheiten. Sie haben sich auch an eine Ernährung gewöhnt, die ihrem ursprünglichen Speisezettel nicht mehr entspricht: weiches Dosenfutter statt Mäusekeule, gekochtes statt rohes Fleisch. Das wirkt sich auch auf die Verdauung, den Gaumen, das Zahnfleisch und die Zähne aus. Katzen bekommen gelbe Zähne vom Zahnstein (siehe Foto), haben Zahnfleischentzündung, schlechten Geruch aus dem Mäulchen und ausfallende Zähne. Und obwohl es bereits Spezialzahnpasta und Fingerzahnbürsten gibt, muss der Mensch, der sie bei seiner Katze anwendet, viel Geduld haben und einiges an Widerstand aushalten, wenn er sein Samariterwerk an seiner Katze vollbringt.

Die Alternative dazu ist ein Besuch beim Tierarzt, der beim jährlichen Gesundheitscheck auch die Zähne Ihrer Katze ansieht und wenn nötig eine professionelle Zahnreinigung empfiehlt. Dazu bekommt sie eine kurze Narkose, während er Zahnfleisch und Zähne untersucht und Belag und Zahnstein entfernt. Anschließend erwacht Mieze in ihrem Körbchen mit blitzblank sauberen Zähnen.

Wenn Ihre Katze brav ist und Ihnen vertraut, können Sie zumindest versuchen, ihr Gebiss selbst zu reinigen. Dazu verwenden Sie ein mit Gaze umwickeltes Stäbchen oder auch Ihren umwickelten Finger und reiben und massieren die Zähne außen mit einer Katzenzahnpaste vom Zahnfleisch in Richtung Zähne. Vergessen Sie dabei nicht, Ihre Katze immer wieder zu loben und mit ihr zu sprechen. Am meisten Erfolg haben Sie, wenn Sie gleich mit Ihrer jungen Katze diese Zeremonie üben, je früher, umso besser – für beide.

WIE WIRD DIE KATZE ALT?

Die alte Katze ist dankbar, wenn sich möglichst wenig an ihrem Tagesablauf verändert, weil ihr die tägliche Routine Sicherheit gibt. Was sie nun braucht, ist ein stressfreies Leben und keinesfalls ein jüngeres aktives Kätzchen, das sie mit seinem Temperament belästigt. Auch ein Umzug würde sie verunsichern.

Auch Katzen können im Alter vergesslich werden und sich zum Beispiel nicht mehr an das, was verboten war, erinnern. Die ältere Katze sucht ruhige weiche bequeme Plätzchen, geht Besuchern aus dem Weg. Der Menschenpartner muss sich auf dieses ganz natürliche Rückzugsverhalten einstellen und seiner alten Katze mit liebevollem Verständnis begegnen. Sie verbringt jetzt statt im stets bereiten Wachschlaf viele Stunden im Tiefschlaf. Sie wird empfindlicher gegen Geräusche und Lärm, gegen Kälte und Feuchtigkeit. Wenn sie früher freien Ausgang hatte, sollte sie jetzt bei kaltem, nassem Wetter im Haus bleiben. Ganz besonders dann, wenn sie nicht mehr gut hört oder sieht und deshalb leicht Opfer von Unfällen, auch Verkehrsunfällen und Hunden werden kann. Auch ist sie nun anderen Katzen bei Raufereien und Territorialkämpfen unterlegen.

Oft verlieren alte Katzen den Appetit, verweigern das beste Futter und magern rapide ab. Dann wird der Tierarzt feststellen, ob dies eventuell ein Krankheitssymptom oder altersmäßig bedingt ist. Er weiß, was ihr gut tut, und wird ihr vielleicht ein anregendes Präparat geben, das auch dem stumpf gewordenen Fell wieder Glanz gibt. Trotzdem sind Kamm und Bürste jetzt zur Pflege notwendig, denn die Katze, die inzwischen steif geworden ist, kann sich nicht mehr wie früher selbst pflegen. Dazu gehört auch das Krallenschneiden, weil sie sich nicht natürliche Weise abnutzen. Manche Katzen genießen diese Pflegesitzungen sogar mehr als früher.

WORUNTER LEIDET MEINE KATZE?

Das schöne sanfte Schnurren wird selten und dann mag sie gar nicht mehr. Die Aufforderung zum Spielen, das Schmeicheln, Köpfchengeben und Schmusen lässt nach. Die Katze wird apathisch, ist schlecht gelaunt, womöglich aggressiv und nimmt nicht mehr am gemeinsamen Leben teil. Wenn Sie jetzt nicht aufpassen, zieht sich ihr Liebling ganz zurück, weigert sich zu fressen. Die Symptome könnten auf eine Krankheit hindeuten oder auf einen seelischen Schmerz. Vielleicht gehen Sie einmal die folgende Liste durch und kreuzen an, was eine Ursache sein könnte:
Umzug • Veränderter Tagesrhythmus • Eine weitere Katze als Konkurrenz • Vernachlässigung aus Zeitmangel • Urlaub in Katzenpension • In der Ferienzeit allein zu Hause • Wenn die neue Liebe ihres Menschen sie nicht mag • Suchtprobleme ihres Besitzers • Aggression, Stressklima in der Familie • Nervöser, hektischer Tagesablauf • Laute Musik draußen und im Haus • Ständiger Maschinenlärm im Haushalt oder bei offenem Fenster • Alkohol-, Nikotin-, Kochgerüche • Räucherkerzen und Duftlampen mit ätherischen Ölen • Starke Parfüms • Platzmangel durch Menschen und Tiere • Langeweile • Einsamkeit • Falsche und unregelmäßige Ernährung

Könnte der eine oder andere Punkt auf der Liste zutreffen, dann versuchen Sie Ihre Katze möglichst bald zu entlasten. Auf Dauer wird sie sich nämlich nicht an den Stress gewöhnen, sondern noch heftiger reagieren, sich nicht mehr streicheln und anfassen lassen, ruhelos durch die Räume wandern, extrem schreckhaft werden und oft und lange klagend maunzen. Am besten suchen Sie Ihren Tierarzt auf.

WAS KANN DIE KATZE UMBRINGEN?

Wenn Sie mit Hund und Katze leben und beide vor Zecken und anderen Parasiten schützen möchten, sollten Sie darauf achten, dass Sie bei Ihrer Katze nie das Mittel anwenden, das dem Hund ins Nackenfell geträufelt wird. Sie könnten Ihre Katze damit umbringen. Egal, ob der Wirkstoff durch die Haut eingedrungen ist oder beim Fellputzen über Pfote und Zunge aufgenommen wurde: Es kann zu einer Vergiftung kommen.

Manche Produkte für Parasitenschutz tragen den Hinweis, dass sie nicht bei Katzen angewendet werden dürfen. Bei äußerlicher Anwendung eines Sprays oder Puders können Sie erste Hilfe durch Waschen mit Shampoo und viel Wasser leisten. Bringen Sie im Zweifel die Katze sofort zum Tierarzt und nehmen Sie die Packung des verwendeten Mittels mit. Es geht wirklich um Zeit.

Bedenken Sie aber auch, dass auch für Katzen etliche Gefahren im Haus bestehen: zum Beispiel gekippte Fenster oder offene Trommeln von Waschmaschinen.

WANN UND WIE ABSCHIED NEHMEN?

Was wir uns alle wünschen, ist ein sanfter Tod, möglichst ohne Schmerzen. Wir würden uns gerne tief schlafend davonstehlen, und wenn wir mit unserer Katze darüber reden könnten, würde sie sicher den gleichen Wunsch haben. Manchmal verlassen uns Katzen, um zu sterben, und nur selten schlafen Katzen sich ins Nirwana hinüber. Meist müssen wir ihnen diesen letzten Liebesdienst erweisen, zur richtigen Zeit. Dann nämlich, wenn das Dasein für unsere treuen Begleiter nur noch Qual ist. Es ist eine schwere Entscheidung, freiwillig den Tod eines geliebten Lebewesens zu bestimmen. Man fühlt sich wie ein Mörder. Der einzige Trost, den wir haben, ist der, dass wir unserer Katze den Tod leicht machen können.

Wenn Sie mit Ihrem Tierarzt, der die Geschichte Ihrer Katze kennt, gesprochen haben und ihn bitten, zu Ihnen nach Hause zu kommen, um sie einzuschläfern, bezahlen Sie etwas mehr, als wenn Sie mit Ihrer Katze zu ihm fahren. Aber Sie ersparen Ihrem Tier, das oftmals eine Vorahnung hat, dadurch den Stress und sich selbst die unpersönliche Atmosphäre eines Praxisraums für die letzten gemeinsamen Minuten.

Halten Sie Ihr Tier im Arm oder sanft bei sich, damit es Sie fühlen und riechen kann. Es hat Vertrauen zu Ihnen und keine Angst, solange Sie bei ihm sind. Treffen Sie Vorsorge für die durch den Tod einsetzende vollständige Muskelentspannung, bei der Körperflüssigkeiten austreten können. Der Tierarzt gibt meist zuerst eine Narkosespritze, die die Katze einschlafen lässt, und danach das tödliche Mittel. Katzen behalten ihre Augen geöffnet, was irritieren kann; vielleicht hören Sie auch noch einen kurzen Seufzer. Der entsteht, wenn noch vorhandene Luft aus der Luftröhre entweicht.

Lassen Sie die Tränen fließen. Sie können Ihre Katze noch ein wenig bei sich behalten, bis Sie bereit sind, Ihren Liebling loszulassen und zu begraben.

WO FINDET MEINE KATZE IHRE LETZTE RUHE?

Wenn Sie einen Garten haben, dürfen Sie sie selbst begraben – außer wenn es die Gemeindesatzung verbietet oder Ihr Grundstück in einem Wasserschutzgebiet liegt. Anschließend können Sie eine Platte oder einen Stein über das Grab legen, um sicher zu sein, dass kein streunender Fuchs den Platz aufgräbt. Sie haben alles getan, was Sie für Ihren Gefährten tun konnten. Und Sie können sie besuchen und sich an die vielen guten Jahre, die Sie gemeinsam verbracht haben, erinnern.

Inzwischen gibt es etliche Tierfriedhöfe, auf denen Sie Ihre Katze bestatten lassen können. Sie bekommt einen kleinen Sarg, in dem sie, auf Wunsch auch mit einer kurzen Zeremonie, beerdigt wird.

Sie können Ihre Katze auch im Internet verewigen: Es gibt verschiedene Webseiten, in die Sie Fotos und Texte einstellen können.

Den wichtigsten Platz hat Ihre Katze sowieso in Ihrem Herzen und in der Erinnerung.

Wenn ich tot bin, möchte ich nur von Katzen träumen.

Günter Kunert

WO GIBT ES KATZEN-MUSEEN?

Das größte Katzenmuseum ist in – Malaysia. Aber auch in Europa gibt es Katzenmuseen, die meist auf Grund privater Initiative entstanden sind. Deshalb sollte man immer vorher die Öffnungszeiten erfragen. Und natürlich ist in den Naturgeschichtlichen Museen einiges über Katzen zu sehen.

Katzenmuseum Traunstein
Chiemseestraße 1
83278 Traunstein

Förderkreis Katzenmuseum e.V.
c/o Lotte Lorz
Breslauerstrasse 15
60598 Frankfurt am Main

Privates Katzenmuseum
Helmut Glantz
Luisenstraße 38
12209 Berlin

Katzenmuseum
(Freunde Katzenmuseum
Schweiz)
Kublystrasse 3
CH-9016 St. Gallen

Cat Museum
219 High Street
Harrow on the Hill
Middlesex
England

De Kattenkabinet
Herengracht 497
1017 BT Amsterdam
Niederlande

Katzenmuseum
Jaunuju gamtininku stotis
Zuvininku street 18
Siauliai
Litauen

Katzenmuseum
Andrei Abramov & Ekaterina
Efimova
P.O. Box 6
121552 Moscow
Russland

Hemingway Home & Museum
907 Whitehead Street,
Key West, FL 33040
U.S.A.

Cat Museum
Nakhom Pathom
Pinklao-Nakhon Chaisri road
Phutthamonthon Soi 4
Indien

The Cat Museum
Kuching North City Hall
Headquarters Building at the
Bukit Siol
Jalan Semariang, Petra Jaya,
Kuching, Sarawak
Borneo, Malaysia

INDEX

Bitte besuchen Sie www.edition-tieger.de

Bildnachweis:
Cover: Corbis. Innenteil: Istock.com außer Pixelio: S. 17 LucB7,
S. 20 Hanspeter Bollinger, S.55 Andrea71, S. 60 ana'i, S. 97 Moorhenne,
S. 110 W. Tiele; Photocase: S. 117 Carolinchen
sowie Mr-Lee-Catcam.com: S. 93 J. Perthold

Bibliografische Information der Deutschen Bibliothek: Die Deutsche Bibliothek verzeichnet diese Publikation in der Deutschen Nationalbibliografie; detaillierte bibliografische Daten sind im Internet über http://dnb.ddb.de abrufbar.

Design: Sigrun Bönold
ISBN 978-3-86671-049-8

edition tieger
Imprint der Autorenhaus Verlag GmbH
Originalausgabe

Umwelthinweis:
Dieses Buch wurde auf chlor- und säurefreiem Papier gedruckt.
Druck und Bindung: Westermann Druck Zwickau
Printed in Germany